园林项目标准化管理手册

曾威 陆军 周洁 编著

中国建筑工业出版社

图书在版编目(CIP)数据

园林项目标准化管理手册/曾威,陆军,周洁编
著. —北京:中国建筑工业出版社,2017.11
ISBN 978-7-112-21246-0

Ⅰ.①园… Ⅱ.①曾…②陆…③周… Ⅲ.①园林-
工程项目管理-标准化管理-中国 Ⅳ.①TU986.3-65

中国版本图书馆 CIP 数据核字(2017)第 228428 号

责任编辑:杜 洁
责任设计:谷有稷
责任校对:李美娜 王 瑞

园林项目标准化管理手册

曾威 陆军 周洁 编著

*

中国建筑工业出版社出版、发行(北京海淀三里河路9号)

各地新华书店、建筑书店经销

北京科地亚盟排版公司制版

环球东方(北京)印务有限公司印刷

*

开本:787×1092毫米 1/16 印张:17¾ 字数:438千字
2018年5月第一版 2018年5月第一次印刷
定价:**56.00**元
ISBN 978 - 7 - 112 - 21246 - 0
(30886)

前　言

随着房地产业的发展和基础设施的大量投资，我国的园林行业在20多年间得到了长足的发展，园林绿化企业如雨后春笋般涌现出来。园林绿化行业的发展为居民生活环境的改善作出了巨大的贡献。同时由于园林行业起步晚和园林学科建设滞后于行业发展等原因，我国园林绿化企业的项目管理水平并没有跟上行业的发展。大部分园林绿化项目的管理主要以经验管理为主，没有以系统科学的管理体系作为支撑，管理方法相对粗放。随着市场需求的激增以及行业竞争的不断加剧，这种粗放型的管理模式已经不能满足企业进一步发展的需求，所以企业亟须建立一套科学、全面、有效的项目管理体系，加强项目的管理，提高企业的竞争力。本书就是在标准化背景下对园林绿化工程公司项目管理进行研究，为其建立一套项目管理标准化体系，希望解决公司项目管理中存在的问题，也为我国园林绿化企业项目管理提供一些参考和建议。

我国的项目管理知识体系（Chinese Project Management Body of Knowledge，简称为C-PMBOK）的研究工作始于1993年，1994年由PMRC常务副主任、西北工业大学钱福培教授负责的课题组向国家自然科学基金委员会提出立项申请，并获准正式开始了"我国项目管理知识体系结构的分析与研究"。PMRC成立了专家小组负责起草C-PMBOK，并于2001年5月正式推出了《中国项目管理知识体系》，建立了符合我国国情的《国际项目管理专业资质认证标准》（C-NCB），C-PMBOK&C-NCB的建立标志着项目管理学科体系的成熟。20年来，PM项目管理逐渐呈现以下趋势：

（1）应用领域的多元化发展。建筑工程和国防工程是我国最早应用项目管理的行业领域，然而随着科技的发展、市场竞争的激烈，项目管理的应用已经渗透到各行各业，软件、信息、机械、文化、石化、钢铁等各种领域的企业更多地采用项目管理的管理模式。项目的概念从原有工程项目的领域有了新的含义，一切皆项目，按项目进行管理成为各类企业和各行各业发展的共识。

（2）项目管理的规范化与制度化。我国的项目管理为了适应日益频繁的国际交往需要，必须遵守通用的国际项目管理规范。同时，项目管理的应用也促使我国政府出台相应的制度和规范。不同的行业领域都出台了相应的项目管理规范，招投标法规的实施大大促进了中国项目管理的规范化发展。

（3）项目管理学科发展与其他管理学科发展的最大特点是其应用层面上的差异，项目经理与项目管理人员更多的是从事各行各业技术的骨干。项目经理通常要花5～10年的时间，甚至付出高昂的项目经验成本后，方能成为一个合格的管理者。基于这一现实及项目对企业发展的重要性，项目管理的非学历教育走在了学历教育的前头，在中国这一现象尤为突出，目前各种类型的项目管理培训班随处可见。

20年来，标准化项目管理在建筑、市政、园林等建设领域被广泛应用，对提高企业的管理和效益起到了积极的作用。园林施工企业通过借鉴成熟的管理技术，同时结合园林绿化项目自身的特点，运用科学的管理技术和方法，建立起标准化的项目管理体系。运用标准化的项目管理体系，提升企业的管理水平，规范企业的施工流程，为不同区域、不同类型的园林项目提供可以兼容并蓄的管理工作，做些有益的探讨。

1. 项目管理的历史沿革

在漫长的探索过程中，现代项目管理逐渐成为一支重要的现代管理理论的分支，成了一门独立的科学体系。现代项目管理产生以后，它逐步被运用到各个领域，比如传统的建筑、航天等领域，以及诸如电子、通信、文化等新型行业。同样，项目管理在蓬勃发展的园林行业也开始逐渐受到重视。本书参照项目管理的知识体系（PM-BOK）理论为企业建立一套项目管理标准化体系，实现企业项目管理的标准化、流程化、规范化和现代化，有利于提高其管理的精益化水平，实现项目管理流程再造，使得项目管理达到规范化、程序化、科学化和信息化。项目管理的标准化可以提高公司园林绿化产品的品质，降低项目成本，有利于公司利润的实现和竞争力的提升。

2. 项目管理标准化的基本概念

1）项目管理标准化定义

项目管理标准化是为了实现项目管理的正常秩序，将项目管理中成功的行为和成果制定成标准，并付诸实践的活动过程。项目管理标准化其实质就是制度管理，减少项目管理中的人为性和随意性。

2）项目管理标准化的内容

项目管理标准化的内容可以分为外部展示标准化和内部管理标准化。

外部展示标准化是指整个项目建设过程中展现出的外部形象与精神的标准化，包括文明施工如项目现场需要秩序井井有条；项目施工人员需要统一的工具和佩戴什么服饰；项目施工的精神面貌；项目产品要达到的交付标准等。

内部管理标准化可以分为项目管理流程标准化和项目管理模块的标准化。项目管理流程标准化是对项目的整个流程，即从施工前准备阶段到施工结尾阶段作出明确的规定，规范整个项目工程中的各种事项，避免项目施工中由于重复产生的浪费；项目管理模块的标准化是指对项目中管理的各大模块进行规范化，包括项目组织结构标准化、项目质量管理标准化、项目安全管理标准化、项目成本管理标准化、项目人力资源管理标准化、项目信息管理标准化、项目技术管理标准化等等。

3）项目管理标准化的作用机理

项目管理标准化的作用机理是指项目管理标准化是如何对项目管理绩效产生影响，标准化分为行为控制标准化和结果控制标准化，将项目管理绩效分为过程绩效和产品绩效。研究发现结果控制标准化对项目绩效起到积极的作用，而行为控制标准化对项目绩效的影响不够明显。项目管理标准化分为七大类，即工具标准化、流程标准化、组织标准化、领导标准化、信息管理标准化、绩效评价标准化和文化标准化。研究得出流程标准化、工具标准化和领导标准化对项目绩效是积极的，而其他类型的标准化对项目绩效的提高没有显著影响。

4）项目管理标准化的实施

相对于项目管理标准化的作用效果及机理，针对项目管理标准化如何去实施的研究比较少。企业最好的规则是项目管理标准化，项目管理标准化有利于企业内部沟通，减少重复与浪费。同时应该关注关键的项目成功因素，采取项目管理标准化的六个步骤：识别需求，定义结果，开发计划，执行计划，使项目管理显现化，评价和总结。

5）项目管理标准化的作用

项目管理其目的是控制项目建设的成本和质量，保证项目建设按照预期的要求完成。项目管理标准化可以很大程度保证项目管理目标的实现。具体而言，项目管理标准化的主要作用有以下几点：

（1）有利于项目管理专业化水平的提高。企业的项目一般都是临时性的，项目的工作人员也多数是由企业内部抽调过来或者从外部临时招聘而来，等某个项目结束，项目人员会回到原有岗位或加以解聘。为此项目建设管理相对来说比较涣散，管理难度比较大。通过对项目管理的标准化可以减少不同项目管理方式的摸索时间，形成科学项目建设统一标准，使项目管理更加专业化，从而提高企业项目管理的整体水平。

（2）有利于项目绩效的提高。项目管理标准化可以统一项目人员的言行举止，让他们的工作按照企业规定的要求完成。同时，项目管理标准化能够对项目建设中的行为和问题进行预测和控制，减少可避免情况的发生。另外，标准化可以带来企业信息处理能力的提高，企业信息处理能力提高可以带来企业过程绩效的提高。所以，项目管理标准化对项目绩效的提高是有利的。

（3）有利于项目成本的降低。在没有形成标准化项目管理前，企业的项目管理可能是无序的，人为性和随意性比较大，这无法有效地控制项目的预算和成本。通过项目管理标准化可以减少项目建设中的随意性，降低工作中的重复和浪费行为，降低项目的单位成本。项目管理标准化还可以通过规定复制到其他项目管理中去，让企业整体项目建设处在有序、规范之中，降低企业整体的项目成本。

（4）有利于企业知识和经验的累积。项目管理标准化不是一蹴而就的，需要企业在项目建设中不断总结和学习。一个项目完成后，其项目建设中的信息和产生的经验、教训都是企业宝贵的财富。在没有进行项目管理标准化前，这些信息和教训都有可能被企业所忽视，这不利于企业知识和经验的积累。在实施项目管理标准化之后，通过规范化的制度和规定，可以将项目建设中的信息与教训显现化，从而使得某些项目或者某个人的经验和知识转化为整个企业的经验和知识，从而提高企业项目管理的效率。

6）项目管理标准化的效果

项目管理标准化的作用效果就是实行标准化管理后会对项目管理产生什么样的影响。企业实施标准化管理有利于规范企业内部的管理行为，提高组织效率。通常对一个有多项目的企业来说，项目管理的标准化可以提高企业内部交流的通畅性，使得不同项目人员之间沟通语言统一。标准化和创新之间并不是此消彼长的关系，而是相互促进的关系。创新可以带来管理的改善，标准化也可以保证工作上的创新。项目管理标准化与项目绩效呈正相关，标准化程度越高，项目绩效也会越高。项目管理的标准化对一个企业的战略实施和管理能力提升都有着至关重要的作用。实施项目管理标准化可确保项目实施过程中资源的有效利用，提高管理水平和企业绩效，促进企业组织结构的调整，有利于企业的制度建设，有助于企业学习型组织。

3. 项目管理标准化体系理论

项目管理标准化可以提高项目管理专业化水平，提高项目的绩效水平，降低项目的成本预算，帮助企业进行知识和经验的积累。为此，作为企业需要建立一套完整合理的项目管理标准化体系，支撑项目管理标准化的实施与实践。在国际上，许多知名的机构和组织从各自的视角提出了比较科学的项目管理标准化理论体系，可以为企业项目管理标准化以及建立项目管理标准化体系提供指导和借鉴。

1）PMBOK

美国项目管理协会（PMI）于 1983 年正式发布了小组的第一份研究成果。该研究成果将项目管理的内容分为六个模块：范围管理、成本管理、时间管理、质量管理、人力资源管理和沟通管理。这些内容划分成为项目管理标准化的基础内容。

1984 年，PMI 新增加了 3 项，分别是风险管理、合同管理、采购管理。管理内容扩充为范围管理、成本管理、时间管理、质量管理、人力资源管理、沟通管理、风险管理、合同管理和采购管理九大知识体系。1987 年，PMI 正式发表研究报告，确定了项目管理知识体系（Project Management Body of Knowledge，PMBOK）。之后 PMI 投入大量的人力、物力和财力对 PMBOK 内容体系制定标准化文件。通过反复的修订后，1996 年 PMI 正式发表第一版《PMBOK 指南》，指南中规定项目管理的九项内容，前面提出的合同管理被综合管理替代，分别是范围管理、成本管理、时间管理、质量管理、人力资源管理、沟通管理、风险管理、采购管理和综合管理。随后，PMI 不断对《PMBOK 指南》进行修订，目前是每四年更新一次，截至 2012 年 PMI 总共发布了 5 个版本。《PMBOK 指南》第五版中，对项目管理 5 大过程和 47 个子过程进行了定义和介绍，并增加了利益相关者管理的内容，将 9 大内容体系扩大到 10 大内容体系，包括 10 大领域、5 大过程和 47 个子过程。PMBOK 在制定项目管理内容的标准时特别重视流程化，将流程作为导向，对每项内容的投入（所需的工具、知识、技能等）到产出（产品质量、服务质量等）作了明确的要求。PMBOK 是项目管理的一个整体框架，作为项目管理的参考标准，可以应用到各个领域和行业。由于 PM-BOK 的适应性强和科学性强的特点，可以为企业建立项目管理标准化体系提供参考和依据。

2）ISO10006

ISO（国际标准化组织）是制定国际标准的组织，而制定国际标准的任务一般由其技术委员会来完成。1997 年，ISO/TC176/SC2 国际标准化组织质量管理和质量保证技术委员会质量体系分委员会制定了 ISO10006 国际标准。ISO10006 有六个部分的内容，最重要的是项目管理的质量。ISO10006 对项目管理质量是非常重视的，也有人称它为质量管理标准。ISO10006 强调项目管理要想实现高质量应该具备两个前提：一是高质量的过程，二是高质量的产品。如果两个前提中的任何一个没有达到，都会影响整个项目相关者的利益。ISO10006 还强调标准在企业内部中应该得到广泛的认同，以及项目建设的各个环节都应该利用 ISO10006 标准来保证项目的质量。ISO10006 希望企业的高层领导充分履行自身的职责，确保标准在项目中的实施。ISO10006 同样重视结构化和系统化方法在项目管理中的应用，强调科学的方法是保证项目质量的重要条件。ISO10006 不仅希望项目建设企业理解和实现相关标准，同样希望其他利益相关者对其标准进行充分的理解和肯定。ISO10006 是参考了 PMBOK 制定而成的标准体系，适用范围却没有 PMBOK 的广泛。主要原因是 ISO10006 过分偏重于质量管理这一模块，对其他管理模块较为轻视。另外，各个模块之间的联系较少，将各模块放入暗箱中加以处理，这对于实际操作参考意义不够显著。所以 ISO10006 不太适合指导项目管理标准化体系的建设。

3）NCSPN

NCSPN 项目管理胜任能力标准强调项目管理人员的知识体系应该既要具备很强的专业水平，也要拥有现场管理的能力。NCSPN 是在 PMBOK 和 APMBOK 的基础上提出的，所以它是一种混合结构体系。NCSPN 的侧重点是对项目管理人员能力的测评，它沿用了 PMBOK 的 9 大项目管理内容板块，并用因素、绩效标准、范围指标和事例指南 4 个要素对项目管理人员胜任能力进行评价。不过 PMBOK 指出需要将这四个要素加以整合利用才能较好地达到评价效果。

4）PRINCE2

PRINCE2 由 8 项管理要素、8 项管理过程和 4 项管理技术组成。其中 8 项管理要素为组织、计划、控制、项目阶段、风险管理、质量管理、配置管理和变化控制。8 项管理过程分别是项目指导（DP）、项目准备（SU）、项目启动（IP）、阶段控制（CS）、产品交付管理（MP）、阶段边界管理（SB）、项目收尾（CP）和项目计划（PL）。4 项管理技术是控制方法变化、基于产品计划、项目文档化技术和质量评审技术。管理要素是 PRINCE2 的内容基础，在各个管理过程中都有使用；项目管理过程中的项目指导（DP）和项目计划（PL）贯穿于项目的整个过程中，是其他 6 项管理过程的支撑；而项目管理技术的有效运用可以促进项目管理的成功。

通过对国内外项目管理标准化体系建设、实践推广的研究，我们可以得出结论：全面推行工程项目标准化管理，是对工程项目管理的一次重大改革创新，是对现行项目管理模式进行的颠覆性变革，是新形势下企业改革发展的必然选择和迫切需要。编制本书的根本目的，就是为了进一步推动、落实项目精细化管理，从而实现工程项目的集约化、标准化、精细化、全员、全过程、全覆盖管理；就是要坚持以"成本管理"为核心，以"过程管控"为主线，以"效益最大化"为原则，加强企业负责人对项目的管控，强化企业和项目的两级管理职责，使标准化管理延伸到项目投标报价、生产组织、流程管控、成本核算、变更索赔、竣工结算、项目总结评价等各个环节，覆盖到安全质量管理、施工进度管理、工程技术管理、合同管理、工程经济管理、劳务队伍管理、物资采购供应、环境保护、节能减排等各个方面，最终实现更高的管理效率和更大的经济效益。

本书能够付诸出版，感触颇多，这不仅是一项工作的终结，更多的是自己通过写作反映了工作经验和知识积累的全过程。非常希望能通过出版的过程，将本人十几年的园林项目和园林企业管理实践经验，通过体系化的思考得以总结，并对园林行业的体系化和标准化建设有所帮助。在这过程中，我要感谢所有给予我管理智慧的前辈学者和同行们。我要感谢园林工作中给予我充分挑战工作环境、真诚帮助、启发、追忆的同仁和师长。特别感谢棕榈生态城镇发展股份有限公司总工马娟女士在内的业内同仁和领导。

目　录

第3篇 技术管理及信息化管理

第4篇　商务与成本管理

第5篇　财务管理

第6篇　审计与监察

第7篇　综合管理与文化工作

总　　则

0.1　项目经理部

项目经理部是企业针对特定工程项目组建的一次性组织机构，代表企业对外履行工程承包合同，对内组织项目管理。企业通过与项目签订"项目管理目标责任书"（附表 0-1），明确项目经理部的管理目标和责任，并根据各项目实际完成情况，组织《项目管理目标责任书》的考核与兑现工作。

项目经理部执行《项目管理手册（试行）》的规定内容。

0.2　项目管理的基本原则

0.2.1　层级管理原则

公司工程项目管理实行公司工程管理部、区域工程管理部、项目经理部、作业层四级管理体系，实施层级目标责任管理。公司工程管理部是工程项目管理的管控层，各区域工程管理部是工程项目管理的主责层，项目经理部是工程项目管理的执行层，作业层是工程项目管理的操作层。

0.2.2　法人管项目原则

公司法人是工程项目的市场主体、经济主体、法律主体，通过统一项目基础管理模式，强化企业的项目策划及资源集中调控，规范企业层面对项目的服务、监督行为，确定企业、项目部两个层次的责任和相互关系，促进项目管理体系有效运行。

0.2.3　授权管理原则

项目经理部应在企业授权范围内实施项目管理工作。公司授权项目经理部管理工程建设过程中的质量、安全、进度、环境保护、经济管理等工作，授权项目在规定的权限内对项目资源供给、商务进展、资金给付开展工作。公司拥有项目经理部产生的一切成果，并对项目经理部产生的一切影响负责。

0.2.4　后台管理原则

公司精心组织各种资源，统筹协调各类管理，强化集约管控。具体包括：物资集中采购配送，周转材料集中采购租赁，劳务分包集中管理，资金集中管理，施工组织设计集中管理，控价集中管理，管理策划集中进行，责任成本集中管控，二次经营集中组织，合同集中管理，业务流程集中制定，督导检查集中进行。

0.2.5　精细化管理原则

精细化管理是让企业的战略规划能有效贯彻到每个环节并发挥作用的过程，同时也是提升企业整体执行能力的一个重要途径。突出体现项目管理层级化、要素管控集约化、资源配置市场化、单元清单预算化、管理责任矩阵化、成本控制精细化、管理流程标准化、作业队伍组织化、管理报告格式化、盈亏分析数据化、绩效考核科学化、管理手段信息化、团队理念国际化。

0.2.6　持续改进原则

项目管理应按照P（策划）D（实施）C（检查）A（改进）循环方法，促进各项工作的持续改进。

0.2.7　相关方满意原则

以技术先进、成本节约、安全文明、过程环保等手段建设完美工程，为客户提供优质服务，提高员工职业发展自豪感和幸福指数。加强与优秀供应商、分包商的合作与信任，展现项目管理标准化良好的企业形象及先进的管理水平。

0.3　相关文件

国家部委相关文件：

《建设工程项目管理规范》（GB/T 50326-2006）；

《建设工程项目总承包管理规范》（GB/T 50358-2005）；

《质量管理体系　要求》（GB/T 19001-2016）；

《环境管理体系　要求及使用指南》（GB/T 24001-2016）；

《职业健康安全管理体系规范》（GB/T 28001-2011）；

《建筑施工组织设计规范》（GB/T B50502-2014）。

0.4 附表

附表 0-1：项目管理目标责任书。

附表 0-1 　　　　　　　　　　　**项目管理目标责任书**

工程名称			项目经理	
建设单位			施工范围	
合同造价			合同工期	
计划开工时间			计划竣工时间	
利润目标	责任成本			
	净利润			
质量目标	巡检得分			
	验收合格率			
工期目标				
安全目标				
评审意见	区域工程部： 年　月　日		工程部： 年　月　日	
	成控部： 年　月　日		分管副总： 年　月　日	
签约栏	项目经理： 年　月　日		总经理： 年　月　日	

第1篇
组织与薪酬管理

第 1 章 组 织 管 理

1.1 项目工程规模划分

公司所承接工程项目根据合同造价、建筑面积、建筑高度及栋数分别划分为大型、中型和小型。可参照表 1-1 的标准，根据项目实际情况进行类型划分。

项目工程规模划分   表 1-1

项目类型	划分描述	备注
零星工程	1. 零星改造，提升工程； 2. 总造价 10 万元以下	满足条件之一即可
小型	1. 示范区项目（≤500 万元）； 2. 景观施工面积≤10000m²； 3. 总造价 10 万～500 万元	满足条件之一即可
中型	1. 示范区项目（＞500 万元）； 2. 景观工施工面积（10000～50000m²）； 3. 总造价 500 万～2000 万元	满足条件之一即可
大型	1. 景观面积（50000～100000m²）； 2. 总造价 2000 万～5000 万元； 3. 达不到上述标准但施工技术难度大	满足条件之一即可
特大型项目	1. 景观面积＞100000m²； 2. 省级以上重点工程、PPP 项目； 3. 工程造价 5000 万以上（不含挂靠、联营）	满足条件之一即可

1.2 项目经理部组建、变更及撤销

以公司名义设立、变更、撤销项目经理部，由各区域工程管理部向公司人事行政部上报有关的请示报告，人事行政部审核后，报领导审阅批准，并下发批复文件。发文抄送公司所属各部门。

1.3 组织机构与职责

1.3.1 公司组织架构

公司组织架构如图 1-1 所示。

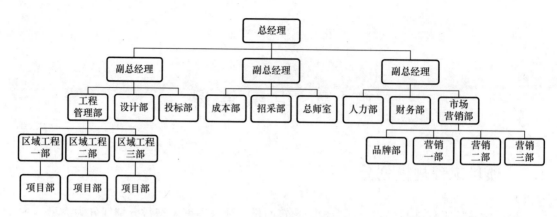

图 1-1　公司组织架构图

1.3.2　项目管理职责

公司管理层级成立以总经理为主任，有关分管领导为副主任，相关部门负责人为成员的项目管理委员会（简称项管会），负责项目安全管理、质量管理、成本控制、进度管理等重大事项的决策和监督（表 1-2）。

项目管理职责　　　　　　　　　　　　　　　　　　　表 1-2

机构层面	职责划分
公司总部项管会	1. 制定公司项目管理制度，规范项目管理； 2. 建立公司工程信息（如物资、劳务合格供方名录、最新工程技术、工法等）及项目信息（如在安全、质量、成本、进度管理等方面的最佳项目运作实践）共享平台； 3. 建立战略采购体系（材料物资、劳务等）； 4. 负责审批项目经理部重大技术及工程方案； 5. 负责指导、检查重大项目成本管控、工程（预）结算等相关工作； 6. 负责对重点项目进行业务指导及审计评价
区域工程管理部	1. 负责项目的监督管理； 2. 执行公司项目管理制度，做好项目经理部的监督管理工作； 3. 负责测定、下达项目责任成本上缴指标，监督、指导项目成本管控及二次经营建立项目运营监控体系（进度、安全质量、物资、工程成本等）； 4. 收集上报项目信息； 5. 对项目进行运营监控
项目经理部	1. 执行公司制定的关于工程施工项目管理的制度和规范，建立健全项目内控体系； 2. 负责组织、实施项目成本管控计划； 3. 执行企业项目工程施工进度计划，确保实现合同工期； 4. 负责组织、实施项目的二次经营，努力提高项目经济效益； 5. 进行工程信息的系统运行维护、管理和支持； 6. 确保工程施工安全、项目工程质量、绿色文明施工； 7. 保证项目工程队伍稳定； 8. 接受上级及政府相关部门的检查指导

1.3.3 项目经理部组织机构

公司管理层级项目主要管理职责责任矩阵　　　　表 1-3

序号	工作职能	必要工作事项	市场部	投标部	公司工程部	区域工程部	招采部	成控部	法务部	财务部	人事行政部
1	投标	投标评审	○	★	○			○	○		
		合同评审	○	★★	○			○	○	○	
		投标文件资料和有关事项交底		★	○	○	○	○			
2	前期策划	施工调查			★	☆	○				
		管理交底		☆	★	☆	○	○			
		单元清单和责任矩阵			★	☆					
		项目管理策划书		○	☆	★	○	○			
3	组织管理薪酬考核	组建项目经理部			★	☆	○	○			☆
		项目成员绩效考核			○	○	○	☆			★
		项目管理目标责任书			★	○					○
4	供应商管理	准入、考核评价		○	☆	☆	★	○		○	
		限价、结算审批		○	☆	☆	☆	★○		○	
		招标、合同		○	☆	☆	★☆			○	
5	专业分包管理	准入、考核评价			☆	☆		★			
		限价、结算审批			☆	☆	☆	★			
		招标、合同			☆	☆	★	☆			
6	劳务分包管理	准入、考核评价			☆	☆		★			
		限价、结算审批			☆	☆		★			
		招标、合同			☆	☆	★	☆			
7	技术管理	施工组织设计和施工方案、竣工文件			☆	★		○			
		测量复核			☆	★					
		试验控制			☆	★					
		科技管理			★	☆					
8	安全、质量、环保管理	质量体系建立			★	☆					
		安全职业健康环保体系管理			★	☆					
		事故处理			★	☆			○		
9	进度管理	进度控制			○	★	○				
10	合同管理	合同范本、审批程序	○	○	○	○	○		★	○	
11	财务管理	预算、债权债务管理								☆	
		资金、税务管理								☆	
		经济活动分析、财务决算								☆	
12	责任成本管理	测算、下达、分解、分析			☆	☆	○	★			
		责任成本检查			☆	☆		★			
		责任成本考核			☆	☆		★			
		变更索赔			☆	★		☆			
13	审计管理	审计与监察、后评价			○	○	○	★			○
14	收尾管理	费用控制			○			○		★	
		清算			○			★		○	
		施工总结			★	☆	○	○			○

注："★"为主责部门，"☆"为辅责部门，"○"为配合部门。

项目经理部组织机构可参照图 1-2 设置，项目经理部机构按公司有关规定和程序设置。公司管理层级项目主要管理职责责任矩阵见表 1-3。公司参照图 1-2 建立项目经理部组织机构时，其职能部门及岗位设置应依据实际情况进行适当调整。

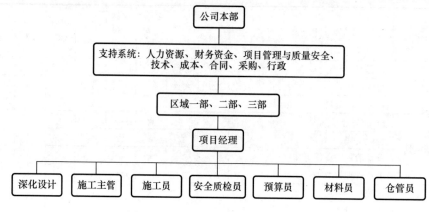

图 1-2　通用项目经理部组织机构图

1.4　项目经理部岗位设置

1.4.1　岗位设置原则

项目经理部应本着贯彻项目职能定位，落实项目管理责任的原则，根据项目工程生产需要、项目职责分解及工作流程等设置项目经理部岗位。所列岗位包含各类型项目经理部从组建到撤销过程中涉及的所有工作和职责对应的岗位名称，各项目部根据需要设立其中部分或全部岗位，随着施工进度逐步进行设立或撤销，所列其他岗位由项目经理部根据实际情况设置。在进行人员配备时要充分考虑项目规模大小、客户要求、管理难度、人员素质等因素，同一项目经理部内不同岗位间或地理位置相近的项目间同一岗位可相互兼职。各项目经理部可参照所列岗位可兼职情况安排人员兼职，规定专职的岗位不得安排兼职。

1.4.2　岗位职责、任职资格体系

岗位职责和任职资格体系是项目标准化管理的基本制度内容，明确了各岗位的主要工作内容、岗位主要责任，以及胜任岗位工作需要的资格、素质、经验等要求。各项目经理部根据项目不同类型可以在本手册职责、任职资格体系基础上调整。

内容包括：岗位基本信息、岗位职责概述、岗位主要工作内容、岗位主要责任及任职资格要求。

1.5　项目人员配备

1.5.1　项目人员配备原则

各工程管理部根据项目类型设置岗位，本着精干、高效的原则确定项目人员配备数

量，在满足现场管理需要的前提下控制人员数量，根据工程项目进度适时调整。根据项目具体情况和人员素质水平，可一人多岗或一岗多人。

1.5.2　项目人员配备表

项目人员配备见表1-4。

（1）当多个项目在同一地点时，按总造价配备人员。

（2）同一城市的项目经理、采购员、资料员可兼任多个项目，具体视项目大小而定。

（3）景观示范区项目资料员由施工员兼任，其余资料员按上述表配备。

（4）交付区景观项目总合同金额超过上述额度的人员总数为：合同造价/400万（人）。示范区总合同金额超过上述额度的人员总数为：合同造价/300万（人）。

（5）特殊工程需申请增加管理人员或岗位的需要申请，其余项目人数由项目经理按上述标准限额内合理配备管理人员。

（6）实习生不计入项目部人员编制。

各类项目施工管理人员标准配备表　　　　　　　　　　　表 1-4

岗位\级别	景观绿化项目（500万以上）													示范区工程			
	市政园林项目		地产交房区				地产示范区							地产展示区		地产样板房	
	>5000万	≤5000万	>3000万	2000万~3000万	1000万~2000万	≤1000万	>3000万	2000万~3000万	1000万~2000万	≤1000万	>2000万	1000万~2000万	≤1000万	500万~1500万	≤500万	500万~1500万	≤500万
项目经理	1	1	1	1	1	1	1	1	1	1	1	1	1	1	1	1	1
施工主管	1	\	1	\	\	\	1	\	\	\	\	\	\	1	\	1	\
施工员	4	3	3	3	2	1	3	2	1	1	2	1	1	2	1	1	1
水电施工员	1	1	1	1	1	1	1	1	1	兼	1	1	兼	1	1	1	1
驻场预算员	1	1	1	1	1	兼	1	1	1	兼	1	兼	兼	兼	兼	兼	兼
安全质检员	2	1	1	1	1	1	1	1	1	1	1	1	\	1	1	1	0
材料员	1	1	1	1	1	兼	1	1	1	兼	1	1	兼	兼	兼	兼	0
深化设计	1	1	1	兼	兼	兼	1	兼	兼	兼	兼	兼	兼	兼	兼	兼	兼
资料员	1	1	1	1	1	兼	1	1	1	兼	1	1	兼	兼	兼	1	0
仓管员	1	\	1	\	\	\	1	\	\	\	\	\	\	\	\	\	\
合计	14	10	12	10	9	4	12	9	7	4	9	7	3	7	4	6	3

1.6　项目管理标准化流程建立

项目管理工作流程主要包括以下 15 大类：项目前期控制、项目经理部以项目单元清单和责任矩阵为主线的各项管理、施工组织设计管理、技术管理、安全质量环保管理、劳务管理、物资管理、合同管理、责任成本预算管理及考核、工程经济管理、财务管理、经济活动分析、竣工及收尾管理、综合管理、审计管理流程。项目管理基本流程如图1-3所示。

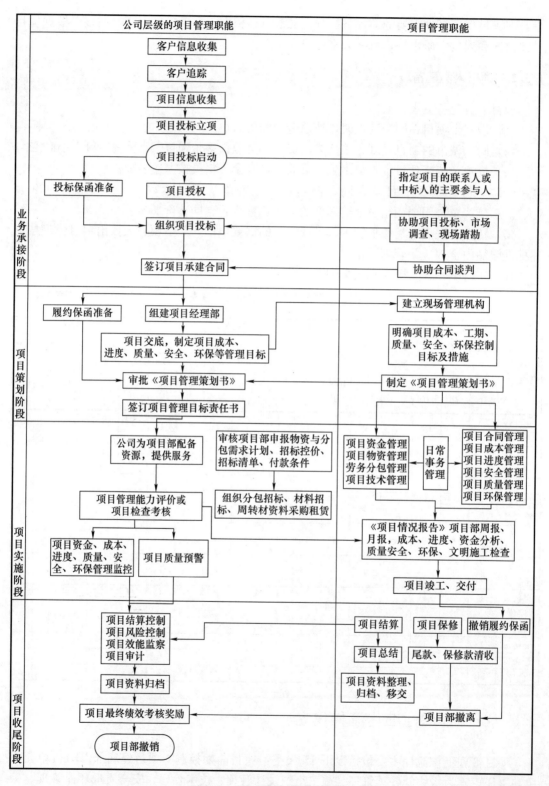

图 1-3　项目管理基本流程图

每一类管理流程可细分为若干业务流程，公司建立的业务流程具体内容详见项目管理标准化流程体系文件。

每个业务流程包括业务流程图和流程说明两部分内容，直观地描述出流程中每个工作步骤的具体内容和涉及的相关机构、业务部门、岗位，为项目经理部管理人员的日常管理工作提供了详细的操作方法和依据。

各项目经理部按照管理的实际情况在此基础上进一步完善，项目管理流程的细化程度不限于以上业务流程内容，可对已经建立的业务流程进一步细化管理流程步骤，但不得减少已有的控制节点。

1.7　项目管理报告

项目经理根据项目实施的具体情况，编制"项目经理部周报"（附表 1-1），于每周五报各区域工程管理部，并抄送至公司工程管理部。

1.8　附表

附表 1-1：项目经理部周报。

附表 1-1　　　　　　　　　　项目经理部周报

工程名称			
项目基本情况			
报告编号	第_____次周报	本次报告时间	
一、项目管理团队基本建设情况：			
二、项目合同管理（索赔与反索赔）情况：			
三、项目成本管理情况：			
四、项目进度管理情况：			
五、项目质量、安全、环保管理情况：			
六、项目分包及劳务管理情况（对分包的索赔及反索赔）：			
七、项目材料及机械管理情况：			
八、项目技术管理情况：			
九、其他方面情况：			
1. 保函及保证金管理方面			
2. 客户关系管理方面			
3. 信息管理方面			
4. 综合事务管理方面			
5. 项目员工激励及培训管理方面			
6. 其他			
十、下阶段工作的主要计划及思路：			
十一、本阶段重要节点工程照片：			
项目经理：		时间：	

第2章 项目薪酬管理

2.1 薪酬分配管理

项目经理部一般员工实行岗位工资制。薪酬由岗位协议工资、奖励工资两部分构成。

公司的所属项目实行项目管理团队集体责任承包的项目管理模式，项目经理是责任承包及项目管理的第一责任人，项目管理团队成员的薪酬由基本薪酬、绩效薪酬及超额利润奖励构成。

基本薪金由以下原则确定：

(1) 项目经理的基本薪酬参照公司的相关规定执行；

(2) 项目管理团队其他成员的基本薪酬由公司参考项目经理的标准，并结合项目的实际情况、规模等因素自行确定。

(3) 项目经理部一般员工的基本薪酬执行公司制定的岗位协议工资标准。

(4) 基本薪酬按月发放，不与考核指标挂钩。

2.2 项目管理团队绩效薪酬与超额利润奖励

工程项目以承接项目为考核周期，确定项目管理团队绩效薪酬与超额利润奖励。项目考核以半年为一个周期，第二季度结束后的一个月兑现奖励。项目质量未能达到公司质量要求标准的，取消该项目奖金。

2.2.1 项目部绩效激励规则

项目部奖金池＝项目净利润×提取比例15％＋单项奖励－单项处罚

项目净利润＝项目总金额×96％（考虑4％的公司管理支出）－项目总成本（与项目有关的所有成本，包括该项目人员工资、管理费用、资金成本及税金，其中管理费用还包含了售后服务的投入成本）（售后服务成本用按结算金额的2％预提）

2.2.1.1 提取比例

奖金提取比例：提取项目净利润的15％作为项目部与二级管理部门的奖金总额。如果项目属于公司直管，由公司职能部门承担二级管理工作，则奖金并入公司奖金池。

岗位系数（A）：工程部经理岗位系数7.5；成本副经理岗位系数4；采购副经理岗位系数2.8；项目经理岗位系数21；施工主管岗位系数5；施工员岗位系数2；水电施工员岗位系数1；驻场预算1.2；资料员、驻场采购、安全质检员、仓管员等岗位系数1；另外项目奖金池中取5％作为调节奖金，换算系数为2.5。

员工奖金＝本岗位系数A×（奖金池/∑岗位系数A）×考勤系数

2.2.1.2　单项奖惩

（1）对于超出目标利润率且净利润率不小于 8％的项目，另提取超出目标利润或超出 8％净利润部分的 50％作为项目管理人员的奖励（目标利润率与净利润率按高者计算）。

（2）项目质量未能达到公司质量要求标准的，取消该项目奖金（以项目过程巡检及完工内检报告为评定依据，当内检报告与项目的实际交付情况相左时，以实际交付结果为最终判断依据）。

2.2.2　项目奖金兑现机制

项目奖金分三个节点提取，团队成员发放方式一样。

（1）项目竣工验收完成，公司成控部内审后有利润（要求在项目内检完成后 45 天内完成内审）且项目回款＞项目付款，项目有正现金流，按内审预算奖金额的 50％发放。

（2）完成最终结算并收回除保修金之外的所有款项后，付至按结算利润计算应得奖金额的 95％。

（3）剩余奖金额的 5％在完成保修任务并收回保修金后发放（以最终调整后净利润为计算依据）。

（4）项目考核周期为半年，第二季度结束后的下一个月发放上半年的项目奖金，由项目经理根据奖金兑现办法提出绩效发放总额的申请。

2.3　特殊贡献奖励

项目经理部可对在项目安全、质量、效益、管理等方面作出突出贡献的员工进行特殊贡献奖励。奖励人员及具体标准待公司核准后执行。

2.4　兑现奖金总额的基本条件

（1）完成竣工决算；

（2）质保金以外的甲方应付的款项回笼率不低于 90％；

（3）职工薪酬、劳务分包、材料、机械使用费等所有项目成本归集完毕，与协作队伍签订《末次清算封账协议》；

（4）完成内部审计；

（5）公司规定的其他条件。

2.5　亏损项目责任追究

（1）项目经理是工程项目亏损的责任主体，项目施工主管、施工员、预算员、安全质检员等集体责任承包团队的其他人员，是项目亏损的连带责任主体。

（2）由于项目团队管理不当造成的项目实际成本超出结算收入的，根据给公司造成的损失，罚没同期其他项目奖金。同时，依据情节严重，由公司按照相关规定对责任主体和连带责任主体采取行政处分追究。

第 2 篇
生产组织与控制

第3章　项目投标管理

3.1　市场管理

3.1.1　市场管理业务说明

在市场管理中最大限度地了解建设单位信息及项目的信息跟踪管理，并且对投标前的投标立项及保证金进行统一的登记及管理。

3.1.2　市场业务分类

3.1.2.1　工程业务信息登记

对建设方的工程业务信息进行登记，见表3-1。

项目甲方基本情况表　　　　　　　　　　　　　　　　　表3-1

工程名称					
工程地点					
项目规模				投资额度（万元）	
项目用途		预计开工时间		计划竣工时间	
情况	单位名称			法人代表	
	办公地点			公司规模	
	所属行业			上级单位	
	项目负责人			联系电话	
	社会信誉			合作方评价	
投标时间					
公共关系	姓名	职务		联系方式	关系深度

3.1.2.2　工程业务信息跟踪反馈记录

对业务人员跟踪工程过程的反馈信息进行登录，见表3-2。

工程业务信息跟踪反馈记录表单　　　　　　　表 3-2

工程名称		填报时间	
工程地点		业务信息编号	
建设单位			
跟踪负责人		配合施工部门	
（第＿次）跟踪营销情况反馈			
访谈对象		现任职务	
访谈参加人员			
访谈方式、时间、地点			
访谈主要内容			
工程业务信息情况变化（包括不限于建设单位负责人、设计、承包方式、承包范围、商务条件、招标方式方法及日程、潜在竞争对手等调整）			

3.1.2.3　工程业务信息放弃跟踪申报

跟踪负责人在项目跟踪过程中经踏勘无合作可能或合作意义不大的报请总经理批准放弃跟踪申报，见表 3-3。

工程业务信息放弃跟踪申报表单　　　　　　表 3-3

工程名称		申报时间	
建设单位		业务信息编号	
跟踪负责人			
工程业务信息放弃跟踪营销原因阐述			
是否放弃跟踪			

3.1.2.4　客户考察申请

建设方需要到现场了解公司情况或工程情况时，填报考察申请通知公司领导层及相关部门（表 3-4）。拟考察项目部及相关人员在接到经审批的考察申请后配合市场部做好考察接待工作。

客户考察表单　　　　　　　　　　　　　　　　表 3-4

编号		考察责任人	
建设单位		工程名称	
考察日期			
项目概况：			
建设单位人员、职务：			
建设单位需了解的各项需求：			
接待人员：			
拟考察项目			
考察记录：			

3.1.2.5 投标立项

公司市场部组织相关部门对拟投标项目进行投标立项调查，详细了解项目的工程情况、标段划分、招标条件与资格要求、项目资金情况、甲方资信等信息，包括对所在地市场调查、建设方情况调查等，对项目进行投标立项登记审批。

3.1.2.6 投标保证金

对于投标保证金的登记及追回信息登记（表 3-5），设专人负责保证金的申请、登记、跟踪及到期追回等工作。

投标保证金表单　　　　　　　　　　　　　　　　表 3-5

保证金类别		工程名称	
投标时间		金额	
业务跟进人		预计退还时间	
跟踪状态			

3.2 投标管理需求

3.2.1 投标管理业务说明

投标管理是企业经营业务中的一项重要环节，是投标工程实现其他相关模块功能的前提。该模块可帮助企业建立投标资源库，并对企业过往投标情况、竞争对手情况进行管理和分析，辅助企业决策。

3.2.2　投标管理流程

通过对公司和分支机构投标管理过程和业务的调研，结合公司实际业务需要，依据公司和区域公司的管理手册，投标管理包括"标前调查""组织投标"以及"标后总结"，实现整个投标过程的管理。

流程描述：

3.2.2.1　标前调查

公司设立投标评审委员会，主任由公司总经理担任，成员主要包括市场部、投标部、成控部、工程管理部、法务部、财务部等部门负责人。

（1）公司的投标评审委员会在投标前组织相关部门对拟投标项目进行"标前调查"，详细了解项目的工程情况、标段划分、招标条件与资格要求、项目资金情况、甲方资信等信息，包括对所在地市场调查、建设方情况调查、施工场地情况调查、供应商调查以及竞争对手调查等。参加投标工作的区域工程部经理及拟任项目经理需参与标前调查和投标工作。

（2）根据甲方情况及施工现场情况，组织相关部门认真进行分析、讨论，如实填报投标评审表。

3.2.2.2　组织投标

投标部为投标工作的主责部门，负责项目投标的主持工作，拟中标履约区域工程部经理与项目经理提前参与到配合投标工作中来。

（1）投标主管根据项目实况，安排好投标工作的具体任务与完成节点。

（2）区域工程部整合本部门造价与采购资源，按时完成项目的材料询样、询价、成本的测算工作。

（3）跟标项目经理配合做好工地踏勘与技术标工作。

（4）跟标项目经理配合投标工作的同时，提出投标策略性建议，并做到提前了解项目商务情况，为实施阶段二次经营埋下伏笔。

（5）投标主管整合各种信息后，与总经理敲定投标标的。此阶段对其他参与人员严格保密。

3.2.2.3　标后总结

工程开标后，投标部投标主管应收集汇总开标信息，填写开标情况，及时对项目投标进行总结，并填写投标总结，由相关部门汇总、存档。投标评审委员会定期召开投标总结分析会议，分析投标工作中的利弊及竞标单位的报价习惯，提高项目中标率。未中标项目即行终止，中标项目进入项目实施阶段。

3.2.3　投标业务分类

3.2.3.1　投标评审

施工场地情况调查、供应商调查以及竞争对手调查等，并结合项目甲方基本情况调查表（见表3-1），参加投标工作的工程部经理及拟任项目经理需参与标前调查和投标工作，发起流程后由公司组织各部门经理进行会签评审（表3-6）。

投标评审表单　　　　　　　　　　　　　　　　表 3-6

工程名称							
项目基本情况							
项目风险评估							
评估内容	风险程度 低——→高					可采取的措施	
	1	2	3	4	5		
一、商务及合同风险评估							
1　甲方背景（如国有背景应低）							
2　产权背景（如国有背景应低）							
3　甲方人员态度、文化及合作							
4　如工程不能完成对企业的社会影响							
5　合同无定量或要承包商算量的风险							
6　合同蓝本采用风险							
7　合同条文苛刻程度							
8　履约保证金、质保金、延期罚款等							
9　指定分包商/材料商管理风险							
10　工程变更后处理风险							
11　可索赔风险，包括工期等							
12　结算风险							
二、工程管理、进度、技术风险							
1　对管理人员资质要求							
2　对质量、安全、环保要求							
3　工期是否合理							
4　施工周边环境及布局存在的风险							
5　施工材料、灯具、苗木订货及规格风险							
6　运输及场外制作的风险							
7　施工图纸不齐引起的风险							
8　工程完工交工前的成品保护风险							

评审内容	评审部门	评审意见	负责人签字
项目是否符合国家有关法律	投标部		
	法务部		
甲方的资金、信用等级情况	投标部		
	财务部		
项目当地环境和现场条件	投标部		
	工程部		
商务合同条件	法务部		
	成控部		
	财务部		
	工程部		
支付条件	财务部		
	成控部		
	投标部		
毛利率水平	投标部		
项目投标可行性报告	投标部		
	成控部		
	法务部		
	财务部		
	工程部		

续表

综合性结论	投标部		
	法务部		
	投标部		
	财务部		
	投标部		
投标评审委员会主任意见			
项目预测毛利率（%）			
安全、质量、进度的保障程度			
资金流能否保证需要			
综合性结论			
参与评审人员会签			
经理意见：			

3.2.3.2　项目可行性报告

项目可行性报告是在通过投标评审后根据公司审批完的结果从投标评审表中摘出其中的风险及各部门审批的相关意见生成的报告，决定此项目是否进行投标（表3-7）。

此内容为系统自动抽取，可以不设置流程。

项目可行性报告表
表 3-7

项目投标可行性报告
一、项目风险评估：
二、项目是否符合国家有关法律法规：
三、甲方的资金、信用等级情况：
四、项目当地环境和现场条件：
五、商务合同条件：
六、支付条件：
七、毛利率水平：
八、综合性结论：
九、投标评审委员会主任意见：
十、综合性结论：
编制单位：
投标评审委员会主任：（签字）　　　　　　　　　时间：

3.2.3.3 主材询价

在投标阶段由业务部门对投标项目的主材进行询价估算，主材询价信息和后期招标进行相互关联，是后期招标过程中主材价格控制的重要因素（表 3-8）。

此内容为系统自动抽取，可以不设置流程。

主材询价对比表（　年　月　日） 表 3-8

序号	材料名称 （按供应商分别单列）	品牌	单位	数量 （动态调整）	投标 单价	投标 合价	初期询价 （采购或招标限价）	初期 合价	现行 询价	现行合价 （合同价）

注：加入规格型号、材料的具体描述、供应商信息、电话。

3.2.3.4 开标情况

此功能节点登记开标记录内容（表 3-9）。其内容对投标报价综合分析提供数据支持，为后续投标报价提供参考。

分支机构应及时跟踪并反馈中标结果，进行投标总结。

开标情况表单 表 3-9

工程名称：　　　　　　　　　　项目地点：　　　　　　　　　　开标时间：

序号	单位名称	报价 （万元）	暂定金 （万元）	报价与基础预算 的降幅（%）	报价与控制价 的降幅（%）	名次	备注
	合计						
招标控制价							
一次平均值							
二次平均值							

填表基础数据说明：

1. 基础预算（不包括暂定金）：___元。
2. 控制价（不包括暂定金）：___元。
相当于基础预算下浮___%。
3. 成本价（不包括暂定金）：___元。
相当于基础预算下浮___%，相当于控制价下浮___%。

评标办法：

（1）有效投标报价：在招标控制价以下且经商务询标评审合格的投标人报价。

（2）成本控制价的确定：_____。

（3）入围程序：_____。

（4）入围递补程序：_____。

（5）推荐中标候选人：_____。

3.2.3.5　投标结果登记

在系统中对投标的工程项目进行信息登记，并登记是否中标（表3-10）。

此内容为信息登记内容，可以不设置流程。

投标结果登记单　　　　　　　　　　　　　　　　　　表 3-10

工程名称		投标日期	
所属区域工程部		投标编号	
投标结果		中标日期	
甲方合同编码		中标造价（元）	
合同签订日期		合同工期（天）	
计划开工日期		计划竣工日期	
备注说明			
登记人		登记日期	

3.2.3.6　投标总结

工程开标后，投标经理应收集汇总开标信息，填写开标记录，及时对项目投标进行总结，填写投标总结（表3-11），由相关部门汇总、存档。投标评审委员会定期召开投标总结分析会议，分析投标工作中的利弊，提高项目中标率。未中标项目即行终止，中标项目进入项目实施阶段。

此内容为信息登记内容，可以不设置流程。

投标总结表单　　　　　　　　　　　　　　　　　　表 3-11

工程名称				
工程地点		建设单位		
质量要求		工期要求		
是否中标		开标日期		
投标情况总结				
参加投标单位	投标总价（万元）	工期承诺	质量承诺	备注
合计	经济标排名		技术标排名	
中标/未中标原因分析				
制表人		审核人	批准人	
时间		时间	时间	

3.2.3.7　甲方合同评审

录入承包合同要素信息，并发起承包合同审批流程，主要评审内容包含了合同基础信息，如合同总价、合同工期、付款条件及合同主要条款等信息（表 3-12），经由设置好的业务审批环节审核、审批通过后，进入合同信息台账。

甲方合同评审表　　　　　　　　　　　　　　　表 3-12

合同总价：		元	预付款：	元	垫资比例：	%	毛利：	%
合同条款	工期		工期范围：　　　　　　　　至					
			1. 可以顺延工期的情形：					
			2. 顺延工期签证的程序及时限：					
			3. 工期处罚条款：					
	质量		1. 工程质量要求：					
			2. 工程奖项要求：					
			3. 质量奖励/处罚条款：					
	结算方式		1. 变更签证处理条款：					
			2. 总包管理费、设计费、水电费、甲供材料处理条款：					
			3. 结算审核时间及超额审计费用条款：					
			进度款确认条件：					
			进度款支付方式：					
	其他违约责任							
	特立专用条款							
	增加合同补充协议							
备注								
审批意见								

3.2.3.8　项目投标问责与处罚

如果在项目投标工作中出现投标评审程序不完善，项目投标决策失误，标书编制不规范，投标管理执行不到位等行为，给公司造成经济损失的，公司将按照有关规定严肃追究相关人员责任。

第4章 项目前期策划管理

项目实施前，项目经理首先明确目标，项目目标是拟定项目期望达到的结果。为了实现目标，项目经理必须要进行计划和控制，通过项目策划把思想转化为产品。具体的项目策划实施要求见下文。

4.1 合约交底

项目中标后，公司投标部负责人及时汇总资料，编写"经营管理交底"（附表 4-1），主要包括建设单位情况、投标过程情况、不平衡报价实施情况、后期变更索赔方向、相关资源情况、招投标文件等，经由相关领导审核、审批通过后，对工程部、项目部、成控部、招采部相关人员进行会议及书面交底，并书面交底"主材询价对比表"（参见附表 15-8）中投标询价的情况，交底完成后由项目经理安排相关人员填写"施工合同提炼压缩版"（附表 4-2）并做准备工作。

4.2 施工调查

经营分析交底后，公司工程部应组织有关部门进行施工调查。

4.2.1 调查人员组成

公司分管领导牵头，工程部组织市场部、招标采购部和项目经理部参加，必要时邀请相关专家参与。

4.2.2 施工调查内容

主要应包含工程概况、工程自然条件、施工现场踏勘、施工方案的选择、重点工程情况、成本要素的调查、项目管理策划的基础信息、材料供应、苗源落实等生产资源情况。

4.2.3 施工调查报告

施工调查结束后，参与施工调查的部门应按调查内容提出书面报告，由公司工程部汇总并编制施工调查报告，经分管领导审批后发至其他领导、相关部门、参与施工的项目经理部，作为管理交底、编制项目管理策划书和实施性施工组织设计的依据。

4.3 管理交底

（1）施工调查结束后，公司工程部应及时组织编写"项目管理目标"（附表 4-3）并对新中标项目进行施工阶段管理交底。交底内容包括：技术管理、经济管理、安全质量环保管理、工程管理（包括项目单元清单和责任矩阵）、法律事务管理、项目成本控制及措施控制（参见附表 15-2）、业绩考核交底。相关业务部门应将公司下发的作业指导书作为交底的内容之一，对于公司作业指导书中不包括的内容，应列出编制计划，明确编制、审核人员及完成时间。

（2）公司成立项目综合管理交底小组，小组成员应包括项目全过程、全方位管理所涉及的各个职能部门。

（3）公司项目综合管理交底小组成员在对实施工程建设的项目经理部进行交底前，必须认真研究工程合同和施工图纸等，对照公司管理要求，形成专业或系统专项交底书面资料，并由公司工程部进行汇总。项目经理部综合管理交底工作结束，修正后下发给实施工程建设的项目经理部。

（4）公司项目综合管理交底应分专业进行，交底内容应全面并贯穿项目施工全过程。

（5）项目实施过程中，项目部每周针对"项目管理目标"（附表 4-3）完成情况及时填写"管理目标月度分析"（附表 4-4）。同时在成本管理方面，对照"项目成本控制及措施控制"计划表（参见附表 15-2），完成"项目成本核算表"（参见附表 15-4）。

4.4　项目管理策划书

根据合同、施工调查报告和公司的管理交底，各区域工程管理部和项目经理部共同组织有关人员及时研究编制项目管理策划书，经公司相关部门评审，分管领导审批后执行。

项目管理策划书应包括（但不限于）以下内容：工程项目概况、管理目标、项目单元清单、机构和部门责任书、管理责任矩阵、责任成本预算、项目经理部成员绩效考核办法、施工准备工作计划、施工部署及实施要点、技术组织措施计划及主要施工方案、质量管控重点、施工进度计划、施工平面图及大型工程临设布置方案、项目的管理模式及分包模式、资源配置计划、项目风险管理分析与对策、变更索赔、成本管理及技术经济指标分析、安全及绿色施工管控重点及措施、现金流分析及资金计划、信息管理等。

4.4.1　编制目的

为规范园林工程项目策划工作流程，明确具体要求，指导项目全周期管理并作为公司工程管理部门监督管理的依据。

4.4.2　适用范围

适用于公司所有园林工程的项目策划工作，包括但不限于地产园林、市政园林等工程类项目的管理。

4.4.3　工作程序

总则

项目策划分为投标阶段项目策划和实施阶段项目策划。策划内容需按附表的要求进行编制，可根据实际情况增加必要内容，但不应删减标准格式中规定的内容。

投标阶段项目策划是投标报价的依据，因此，内容应尽量全面，如有关内容暂不能确定时，则至少应完成：工程概况及总目标、总进度计划、现场管理人员流量、分包方案、施工机械设备配置方案等与成本测量相关的部分。

项目管理部拟定项目经理牵头组织编制投标阶段项目策划，公司相关部门配合。

投标阶段《项目策划书》可不进行相关部门会签，由项目管理部经理审核，公司副总经理批准。

实施阶段项目策划是编制项目预算成本的直接依据，是项目组织配备相关资源和落实主要施工方案的依据，是指导项目实施全面管理的纲领性文件。

项目中标后，项目经理部应根据项目的实际情况对投标阶段的《项目策划书》进行完善和细化，并在进场后 10 日内完成实施阶段的《项目策划书》。

实施阶段《项目策划书》主要内容包括：

序号	内容	具体要求
1	概况及总目标	根据合同规定、业主要求，结合公司发展规划、创优计划及以往工程经验，提出工程项目的总目标（包括工期、质量、安全、成本、技术创新等目标）
2	项目经理授权	明确对项目分包采购、物资采购、材料款、工程款支付及分包签订等的批准权限
3	总进度计划	确定施工准备和各主要分部分项工程的起止时间
4	项管人员流量	确定项目经理部的组织机构和人员数量，提出主要管理岗位的人选和进、出场时间
5	分包采购方案	确定主要分包项目、分包工作内容、分包方式、分包商选择单位等
6	物资采购方案	确定主要采购内容、采购主办、备选供应商等
7	机械配置方案	提出主要施工设备的配置方案，确定设备的规格、数量、来源和进出场时间
8	劳动力计划表	根据工程进度计划，确定各劳务单位各工种劳动力配置计划
9	监测设备方案	提出监测设备的配置方案，确定设备的规格、数量、来源和进出场时间
10	办公设备方案	提出主要办公设施的配置方案，确定设施的规格、数量、来源和进场时间，按车辆、固定资产、低值易耗品三类列项
11	现场临建方案	提出现场临建方案，确定临建的规格、数量。包含临水临电方案
12	主要技术方案	主要技术方案描述、特殊情况下的施工措施及资源配置（如：冬/雨季施工；成品保护；反季节栽植等）
13	场平布置图	施工现场场地布置规划，办公及生活区布置规划，机械设备布置，临水临电平面布置、施工通道布置规划等

实施阶段《项目策划书》由公司项目管理部组织公司相关部门会签后，由主管副总经理审核、总经理批准。

《项目策划书》经批准后，由项目管理部保管并分发至有关部门和项目经理部。

当项目的实际情况与《项目策划书》的内容发生较大变动时，项目经理部必须及时对《项目策划书》的内容进行修订，并按照原审批程序重新审批。

4.5　附表

附表 4-1：封皮
附表 4-2：编制说明
附表 4-3：项目概况及总目标
附表 4-4：项目经理授权
附表 4-5：总进度计划
附表 4-6：现场管理人员配置方案
附表 4-7：分包采购方案
附表 4-8：物资采购方案
附表 4-9：施工机械配置方案
附表 4-10：劳动力配置方案
附表 4-11：监测设备配置方案
附表 4-12：办公设备配置方案
附表 4-13：现场临建方案
附表 4-14：主要技术方案

附表 4-1 封面

项目策划书

编制/日期： _____

（项目经理）

审核/日期： _____

（项目管理部）

审核/日期： _____

（合约商务部）

审核/日期： _____

（公司主管副总）

批准/日期： _____

（公司总经理）

附表 4-2

编制说明

　　项目策划工作分投标和实施两个阶段分别进行，《项目策划书》是编制项目管理文件和预算成本的依据，是项目实施的纲领性文件，是公司为项目进行资源调配和提供服务、支持的基本依据。

　　投标阶段的《项目策划书》由项目管理部牵头组织编制，可不进行部门会签，由公司主管副总经理审核，公司总经理批准。

　　项目中标后，项目经理部应根据项目的实际情况对投标阶段的《项目策划书》进行完善和细化，并在 10 日内完成实施阶段的《项目策划书》。当项目分阶段招标时，项目策划可分标段进行编制。

　　实施阶段的《项目策划书》由项目经理部组织编制，公司项目管理部组织公司相关部门会签后，由公司主管副总经理审核，总经理批准。

　　《总进度计划》可用 Project 或合同约定的其他软件编制。

　　《项目策划书》经批准后，由公司项目管理部保管并分发至相关部门和项目。

　　范本中表格内已填写的具体内容均为示意项，可根据项目实际情况增减内容，但不可修改表格项。

附表 4-3　　　　　　　　　　　　　　　项目概况及总目标

	工程名称：				
项目概况	建设单位：		园林工程师		
	设计单位：		项目负责人		
	监理单位：		监理工程师		
	分包单位：		项目负责人		

<table>
<tr><td rowspan="1">项
目
概
况</td><td colspan="5">工程地点：

工程总面积：　　m²，其中绿化面积　m²，建筑面积　m²

合同金额：　　万元

承包方式：　　□园林工程专业承包　　□园林总承包

　　　　　　　总承包单位（若有）：　　　。

工程类别：□售楼处园林工程　□居住区园林工程　□代征绿地园林工程　□其他

合同工作内容/范围简述：</td></tr>
<tr><td rowspan="1">项
目
总
目
标</td><td colspan="5">质量目标：□合同约定验收标准；□省/市园林绿化优质工程；□其他：。

工期目标：计划开工日期年月日，计划竣工日期年月日。

　　　　　　　总工期日历天，区段工期（如果有）。

安全目标：杜绝死亡、重伤和重大机械事故。

环保目标：节能降耗，减少污染和扬尘，降低噪音污染。

成本目标：控制成本，达到《目标责任书》中要求的利润率和回款率。

技术目标：苗木成活率达到％。

其他目标：□公司工程创优奖励□科技进步奖□国家级优秀园林绿化工程奖</td></tr>
</table>

编制/日期：　　　　　　　　　　　　　项目管理部/日期：

附表4-4　　　　　　　　　　　　　　　　　　　**项目经理授权**

项目名称：		合同额：万元		项目经理/项目合约商务工程师：/
权限名称	常规额度	建议额度	浮动原因	浮动参考依据
零星采购权限	￥10000	￥		1. 项目造价规模、工期； 2. 项目部管理能力； 3. 分包模式； 4. 项目所在地情况； 5. 其他
分供商支付审批权限	￥100000	￥		
分包签证审批权限	￥5000	￥		

说明：
1. 本表一式四份，《项目策划书》中存一份，总经理办公室、财务资金部、合约采购部各留存一份
2. 项目经理的授权额度由公司项目管理部经理提议，公司副总经理批准；投标阶段不用填写本表
3. 本表是对项目经理授权额度的具体完善，零星采购权限——是指项目生产过程中急需物资的采购单次总额度；分供商支付审批权限——是指在对分供商付款过程中单次额度；分包签证审批权限——是指单张分包签证单的金额

提议人/日期：　　　　　　　　　　　　　　　　　　　　　　　　　　　　批准人/日期：
（项管部经理）　　　　　　　　　　　　　　　　　　　　　　　　　　　　（主管副总经理）

附表4-5　　　　　　　　　　　　　　　　　　　**总进度计划**

序号	分部分项工程名称	工期			年																					
		持续时间（天）	开始时间	完成时间	××月			××月			××月			××月			××月			××月			××月			××月		
					上旬	中旬	下旬	上旬	中旬	下旬	上旬	中旬	下旬	上旬	中旬	下旬	上旬	中旬	下旬	上旬	中旬	下旬	上旬	中旬	下旬	上旬	中旬	下旬
1																									
2																									
3																									
4																									
5																									
6																									
7																									
8																									
9																									
10																									
11																									

说明：可另附进度计划表

编制/审核：　　　　　　　　　　　　　合约采购部/日期：　　　　　　　　　　　　项目管理部/日期：

附表 4-6　　　　　　　　　　　　现场管理人员配置方案

序号	岗位名称	人员数量	人员流量（人/月）	推荐人选	工作时间																							
					××××年												××××年											
					1	2	3	4	5	6	7	8	9	10	11	12	1	2	3	4	5	6	7	8	9	10	11	12
1	项目经理																											
2	绿化工程师																											
3	土建工程师																											
4	合约商务工程师																											
5	资料员																											
6	…																											
合计																												

人员配置说明（参考执行）

说明：

1. 考虑到园林项目的施工周期、规模以及合作模式的特殊性，根据不同项目配备不同的管理人员数量，此表仅供参考执行

2. 同一项目存在不同标段时，按同期施工的标段合同额之和来套用，根据项目的进展调整人员配备

3. 根据不同的分包经营模式，自左向右按序套用

分包模式 \ 合同额	300万以下	500万以下	800万以下	1000万以下	1500万以下	3000万以下	5000万以下	5000万以上	
自主经营（清包工）	5	5	6	7	8	8	9	10人以上	
包工及部分材料	3	4	4	5	5	6	7	7人以上	
包工包料	2	2	3	3	4	4	5	5人以上	

编制/日期：　　　　　　　　项目管理部/日期：

合约采购部/日期：　　　　　副总经理/日期：

附表 4-7   分包采购方案

序号	分包项目	分包工作内容	分包方式	分包商选择方式		候选分包商名单
1	土石方工程	土石方开挖、运输及回填土	☐ 包公包料	☐ 公司选定	☐ 业主选定	
			☐ 劳务	☐ 项目选定	☐ 业主指定我方签合同	
			☐ 包工及部分材料	☐ 项目选择公司批准	☐ 业主项目共同选定	
			☐ 其他	☐ 其他		
2	园建工程	所有园路铺装，小品、水景、廊架、大门警卫室、围墙、儿童广场、泳池、铁艺、雕塑、石材、夜景照明、喷泉等硬质景观部分	☐ 包工包料	☐ 公司选定	☐ 业主选定	
			☐ 劳务	☐ 项目选定	☐ 业主指定我方签合同	
			☐ 包工及部分材料	☐ 项目选择公司批准	☐ 业主项目共同选定	
			☐ 其他	☐ 其他		
3	绿化工程	园区所有的植物栽植、地形整理、养护以及绿化浇灌系统安装、	☐ 包工包料	☐ 公司选定	☐ 业主选定	
			☐ 劳务	☐ 项目选定	☐ 业主指定我方签合同	
			☐ 包工及部分材料	☐ 项目选择公司批准	☐ 业主项目共同选定	
			☐ 其他	☐ 其他		
8	临建施工（办公区、工人生活区）	活动板房的搭建、办公室的租赁等	☐ 包工包料	☐ 公司选定	☐ 业主选定	
			☐ 劳务	☐ 项目选定	☐ 业主指定我方签合同	
			☐ 包工及部分材料	☐ 项目选择公司批准	☐ 业主项目共同选定	
			☐ 其他	☐ 其他		
	······					

说明：当采用包工包料分包方式时，不需单列各项主材的分包采购方案（含苗木采购方案）；当采用清工加辅料分包模式或者自营模式时需要单列各项主材以及苗木的分包采购方案

编制/日期：   项目管理部/日期：   合约采购部/日期：

附表 4-8 物资采购方案

序号	物资名称	规格型号	估算数量	计量单位	物资采购单位（打√）				采购地点	候选供应商名单
					业主	公司	项目	分包商		
说明：当主要物资采购单位选用分包商时，候选供应商名单为相应分包商										

项目经理编制/日期： 项目管理部/日期： 合约采购部/日期：

附表 4-9 施工机械配置方案

序号	机械设备名称	规格型号	配置数量	计量单位	使用起止时间	机械设备来源（打√）		备注
						公司采购	分包提供	
1								
2								
3								
4								
5								
6								
7								
8								
9								
10								
15								
16								
说明：本表仅需列出项目所需较大型机械设备如：挖掘机、铲车、卡车、汽车吊等；项目管理部及合约采购部对施工机械的配置方式审核会签								

编制/日期： 合约采购部/日期： 项目管理部/日期：

附表 **4-10**　　　　　　　　　　　　　劳动力配置计划

月份	主要工种	××××年																							
		××月			××月			××月			××月			××月			××月			××月			××月		
		上旬	中旬	下旬	上旬	中旬	下旬	上旬	中旬	下旬	上旬	中旬	下旬	上旬	中旬	下旬	上旬	中旬	下旬	上旬	中旬	下旬	上旬	中旬	下旬
1	普工																								
2	绿化技工																								
3	土建技工																								
4	土建普工																								
5	水电工																								
6	机操工																								
7	水景工																								
8	养护工																								
9	…																								

编制/审核：　　　　　　　　　　合约采购部/日期：　　　　　　　　　项目管理部/日期：

附表 4-11　　　　　　　　　　　　　监测设备配置方案

序号	监测设备名称	规格型号	配置数量	计量单位	使用时间	设备来源（打√）				备注
						内部调配	公司采购	外部租赁	分包提供	
1										
2										
3										
4										
5										
6										
7										
8										
9										
10										
11										
12										

编制/日期：　　　　　　　　　　　　　　　　项目管理部/日期：

附表 4-12　　　　　　　　　　　　　办公设备配置方案

序号	办公设备名称	规格型号	单位	数量	进场时间	设备来源（打√）						固定资产内部编号
						内部调配	公司采购	项目采购	公司租赁	项目租赁	分包提供	
A	车辆											
1												
2												
…												
B	固定资产类											
1												
2												
3												
4												
5												
…												
C	低值易耗品类											
1												
2												
3												
4												
5												
…												

编制/日期：　　　　　　　　　　综合部/日期：　　　　　　　　　　合约采购部/日期：

附表 4-13　　　　　　　　　　　　　　现场临建方案

序号	临建名称	规格/型号/做法	数量	单位	来源（打√）		
					公司调配	项目租赁	分包自备
一、	现场办公区						
1							
2							
3							
4							
5							
6							
…							
二、	现场施工物料区						
1							
2							
3							
4							
5							
6							
…							
三、	生活区						
1							
2							
3							
4							
5							
…							

说明：项目管理部对现场临建的规格、型号、做法及配置方式、数量审核会签；合约采购部对配置数量审核会签

编制/日期：　　　　　　　　　　合约采购部/日期：　　　　　　　　　　项目管理部/日期：

附表 4-14 主要技术方案

序号	方案名称	拟选方案及资源配置情况描述	备注
1			
2			
3			
4			
5			
6			
7			
8			
9			
10			

编制/日期： 项目管理部/日期：

第 5 章 项目单元清单和责任矩阵

5.1 建立项目单元清单

5.1.1 项目单元清单的定义

项目单元是项目构成和项目预算的基本单位。项目单元清单是指利用工作分解结构（WBS）技术❶，制定项目分解结构标准，全面梳理项目的工程产品、组织产品、管理产品、社会产品，对构成项目的基本单元或者项目工作单元进行标识和定义，通过项目层、阶段层、产品分类层、产品包层四个层面分解，最终细化到项目单元层，形成项目单元的集合。

5.1.2 项目单元清单的建立

由公司指导项目经理部管理层对工程进行大项分类；项目经理部职能部门根据专业分工对施工过程进行分解，形成项目单元清单初稿，经项目经理部管理层专题讨论，报公司批准，以文件形式正式确定，建立一段时期内相对确定的项目单元清单。

5.1.3 建立项目单元清单应达到的效果

项目单元清单是项目经理部管理的纲领性文件，项目通过分解形成项目单元，使项目全过程条理清楚；项目单元清单的应用，应使项目管理从建立目标、明确责任、保证资源、建立制度、计划统计、成本控制以及管理报告的整个过程实现精细化。

5.1.4 工程施工预算管理

建立基于工程项目单元清单的预算控制体系。工程施工预算由区域工程管理部组织制定，项目经理部参与编制。主要包括：制定工程项目单元清单；制定基于工程分部分项的工程量清单；制定工程量清单项下的成本单价；形成单项预算。工程项目单元清单所列全部内容的预算即构成基于工程项目单元清单的全面预算体系。确定成本单价的方式包括：参考公司数据库、公司定额或者相关行业定额分析、市场询价，通过施工组织分析确定工料机成本。

5.2 建立项目管理责任矩阵

区域工程管理部应指导项目经理部建立管理工作责任矩阵，运用 WBS 技术，全面梳

---

❶ WBS (Work Breakdown Structure)，即工作分解结构技术。是以交付成果为导向，对项目要素进行分组，归纳和定义项目的整个工作范围，每下降一层代表对项目工作更详细定义，在项目管理实践中，工作分解结构是重要内容。

理项目经理部职能管理和服务的具体工作，建立项目管理工作清单，形成管理责任矩阵的纵列；运用 RAM❶ 的方法，将项目管理工作清单中的每一项工作指派到每一个部门及岗位，形成管理责任矩阵的横排；纵列和横排交叉部分是岗位角色对每项工作的责任关系（如主持、协助、参与、检查等），可用不同符号表示岗位角色的不同责任。项目经理部应以管理工作责任矩阵为基础，制定部门机构责任书和员工岗位责任书。

---

❶　RAM（Responsibility Assignment Matrix），即责任分配矩阵。是用来对项目团队成员进行分工，明确其角色与职责的有效工具，通过关系矩阵，项目的每个具体任务都能落实到团队成员身上，确保项目上"事有人做，人有事干"。

第 6 章　物资招采与管理

6.1　物资供应商管理

1）物资供应商管理以招采部为主责部门，采取公司工程部、区域工程管理部、项目经理部多级管理体系。

2）供应商调查：根据工程项目实际从公司招采部发布的"合格物资供方名录"（附表 6-1）中选择供应商，对不在合格名录内的供应商必须进行调查，并填写"物资供方调查/考察审批表"（附表 6-2）。

3）供应商评价：根据"谁采购谁评价"的原则，对招采部调查的供应商进行评审，经评审合格的供应商，纳入"合格物资供方名录"（附表 6-1）。

供方的评价原则：

（1）国家或行业认可的有资质的厂商，如营业执照、税务登记证、组织机构代码等。

（2）有产品的生产许可证和特别许可证，如防水卷材、机电产品等。

（3）近两年内没有因产品不合格受到国家、行业或行政监督部门的通报和处罚。

（4）产品的环境职业安全健康影响可控制或可接受。

4）供应商复评

项目结束后，供应商复评由项目经理部对参建供应商进行一次复评。复评不合格，经招标采购部及工程部审定后列入不合格物资供方名录，三年内不得使用。有下列情况之一的供方为不合格供方，应从合格供方名册中除名：

（1）因使用的物资影响工程质量的。

（2）一年内两次供货达不到合同要求的。

（3）供方服务质量低，态度差，有书面记录的。

（4）有环境影响或安全事故的。

（5）有不正当交易或欺诈行为的。

6.2　物资市场调查

项目进场后，区域工程管理部应组织人员进行物资市场调查，调查内容包括当地及周边价格情况、主要资源（生产）商情况等。调查分施工前、施工中，定期、不定期调查，并撰写书面调查报告或调查纪要备案。

6.3　物资计划管理

项目经理组织项目预算员编制"主要物资需用量明细表"（附表 6-3），经区域成本经理、成控部成控主管复核、签认，作为整个项目物资采购、消耗的总控目标。当有变更时，由项目经理部根据变更通知及时调整"主要物资需用量明细表"（附表 6-3），经成控主管重新复核并报审批，并对甲供甲控材料进行梳理后，填写"甲供（控）材清单"（附表 6-4）。

（1）物资计划主要是指"物资采购申请计划"和"物资招标申请计划"。均由施工主管或施工员根据物资需用量明细表进行计划编制。详见"物资招标申请表"（附表 6-12）。

（2）主要物资需用量明细表（附表 6-3），即一次性或阶段性物资需用计划。是指单位工程从开工到竣工或到计划工程节点所需的全部材料计划。由项目经理部在工程开工前 7 天提报一次性物资需用计划。

（3）未达到招标额度的物资，项目经理部填写"物资采购申请表"（附表 6-5）自行进行比询价零采。

（4）达到公司进行招标采购的物资，由项目经理部提前 10～15 天提交招标申请，并同时编写招标文件及招标清单经成控主管审核后，提交招采部作为物资采购的招标文件。实行公开招标采购。严禁无计划招标和超计划招标。

6.4　物资招标采购

6.4.1　物资招标采购人员组成

（1）公司管理层成立以总经理为主任，分管领导为副主任，相关部门为负责人为成员的招采管理委员会。与资深项目的项目经理组成招标小组。

（2）招标采购部分管领导，成本控制部、工程管理部、招标采购部负责人为组员，在招标时，所涉及项目的项目经理亦是组员。

6.4.2　物资招标采购人员职责

（1）公司招标委员会是招标采购的最高决策组织，负责日常招标监督，处理与公司招标制度不相符的特殊事项决策，超出成本控价等异常招标事项的决策。

（2）公司招标小组负责日常招标管理，负责管理公司范围内所有正常招标工作，批准招标文件、投标单位的入围、评标结果，批准战略采购结果。

（3）项目部是工程材料招标的责任主体。项目经理是第一直接责任人；工程管理部经理负管理责任。区域招采经理负责组织协调工作。主要职责包括：制定招标计划、编制招标文件、踏勘、答疑、评标、澄清投标文件。控制价由项目经理组织项目预算员编制，成控部成控主管审核。如控制价高于对甲投标价需经投标部签署意见，成控部负责审核控制价。

（4）成本控制部负责评审项目部编制的招标文件，并对招标清单作核实确认，对招标内容及子项审核控制价。成控部是公司材料招标的监管、支持部门，并接受公司审计监督。

（5）招标采购部负责公司的招标采购工作，是招标工作的业务主管部门。主要职责包括制定、完善、培训招标流程，负责组织全国性战略采购招标，监督指导区域战略采购，对采购招标的资料进行建档和备案，供应商管理及评估工作。

6.4.3　招标采购原则

6.4.3.1　公平公正原则

在选择入围供应商、采购实施过程、谈判、决策时必须对所有供应商保持公平，树立并维护公司良好的信誉和形象。

6.4.3.2 公开决策原则

采购过程必须有充分的透明度，各部门积极配合、全面沟通、信息共享，所有采购应由招标采购小组集体公开决策，杜绝暗箱操作。

6.4.3.3 材料送检原则

重要的材料类产品在投标或批量生产过程中要抽样送检，检验结果不合格则一票否决。

6.4.3.4 充分竞争、择优选择原则

具备招标条件时应选择有资质相同或接近的不少于三家供应商参与招投标以保证采购的竞争性。

6.4.3.5 全过程管理原则

采购管理应覆盖从市场调研、供方考察、供方选择、合作过程管理、履约过程评估、后评估等各个方面。

6.4.3.6 一致性原则

采购决策标准必须在采购实施之前，制定采购方案时确定，并在整个采购实施及决策过程中保持不变。一旦需要改变时，必须重新启动采购流程。

6.4.3.7 集中采购原则

具备集中采购条件的产品、分包工程和服务，应采用集中采购模式，以实现规模效益。

6.4.3.8 可追溯原则

采购的相关资料，包括：供应商管理（考察认证、履约过程评估、后评估等）、招标采购实施（市场调研报告、采购策划和方案、入围单位审批、招投标过程、约谈记录、相关会议纪要等）、协议、合同等必须按照要求及时收集、整理、上传和归档。

6.4.3.9 事前签订原则

应在签订采购合同后，供应商安排生产或进场施工。

6.4.3.10 合理用工原则

协议、合同中应明确，供应商应严格遵守国家、地方政府关于工资支付及劳务用工的法律法规，未成年人与女工保护条例、职业健康与安全培训相关规定。

6.4.3.11 保密原则

各类采购相关的资料和文件（包括但不限于入围供应商信息、招投标过程资料、决策过程资料、会议纪要、协议合同等），都属公司重要机密，不得泄露或作不当承诺。

6.4.3.12 法务监督原则

所有招标工作通过法务审查或有法务部参加。

6.4.4 招标采购操作流程

6.4.4.1 招标限额

1）招标或比价均需在经审批的控制价下实施，突破控制价需报招采管理委员会集体决策。

2）凡达到下列标准之一的，应当进行招标（甲供/甲控材料除外）：

招标工作将按照分级、分类管理的原则，具体范围和权限划分如下：

（1）石材。

A. 石材采购总金额超过 50 万元的，项目部必须向公司招标采购部申报，并由公司招采部组织项目部、工程部、成控部等组成招标小组进行公司层面的招标。

B. 石材采购总金额在 5 万～50 万元（含 50 万元），区域工程部招采经理组织或委托公司组织招标小组按招标流程就近区域层面的招标。

C. 石材采购总额在 1 万～5 万元（含 5 万），项目部可自行组织不少于 3 家供应商的比价流程确定供应商。

（2）苗木。

A. 木制品采购总金额超过 50 万元的，项目部必须向公司招标采购部申报，并由公司招采部组织项目部、工程部、成控部等组成招标小组进行公司层面的招标。

B. 木制品采购总金额在 5 万～50 万元（含 50 万元），区域工程部招采经理组织或委托公司组织招标小组按招标流程进行就近区域层面的招标。

C. 木制品采购总额在 1 万～5 万元（含 5 万），项目部可自行组织不少于 3 家供应商的比价流程确定供应商。

（3）水电、管材。

A. 水电、管材采购总金额超过 50 万元的，项目部必须向公司招标采购部申报，并由公司招采部组织项目部、工程部、成控部等组成招标小组进行公司层面的招标。

B. 水电、管材采购总金额在 5 万～50 万元（含 50 万元），区域工程部招采经理组织或委托公司组织招标小组按招标流程就近区域层面的招标。

C. 水电、管材采购总额在 1 万～5 万元（含 5 万），项目部可自行组织不少于 3 家供应商的比价流程确定供应商。

（4）其他材料。

A. 其他材料采购总金额超过 50 万元的，项目部必须向公司招标采购部申报，并由公司招采部组织项目部、工程部、成控部等组成招标小组进行公司层面的招标。

B. 其他材料采购总金额在 5 万～50 万元（含 50 万元），区域工程部招采经理组织或委托公司组织招标小组按招标流程进行区域层面的招标。

C. 其他材料采购总额在 1 万～5 万元（含 5 万），项目部可自行组织不少于 3 家供应商的比价流程确定供应商。

（5）劳务。

A. 劳务总金额超过 30 万元的，项目部必须向公司招标采购部申报，并由公司招采部组织项目部、工程部、成控部等组成招标小组进行公司层面的招标。

B. 劳务总金额在 5 万～30 万元（含 30 万元），区域工程部招采经理组织或委托公司组织招标小组按招标流程进行区域工程部层面的招标。

C. 劳务总额 1 万～5 万元（含 5 万），项目部由项目经理、预算员、材料员组成三人小组进行询比价。

（6）零星。

A. 材料总额 1 万元以下按照零星采购，由采购员在责任成本控制范围内进行 3 家以上的询价，并在报批过程中附询价信息。

B. 劳务总额 1 万元以下，由项目经理与预算员在责任成本控制范围内进行 3 家以上的询价，并在报批过程中附询价信息。

3）凡达到招标限额标准，但不具备招标条件的特殊项目可以申请免招标流程。

（1）免招标申请应符合的情况。

A. 赶工项目不具备招标流程所需时间（如售楼部样板房工程且工期小于 60 天）；

B. 甲方指定供应商；

C. 甲方指定品牌，供应商已在甲方报备；

D. 标的采用不可替代的专利或者技术；

E. 项目部在申请免招标报告时需出具书面说明及证明文件作为附件；

F. 与公司签订战略合作协议的可直接签订合同。

（2）免招标报告申请流程。

项目经理申请→区域成本经理→区域工程部经理→工程管理部→成控部→招采部→分管副总→总经理。

（3）免招标报告附件。

A. 免招标项目必须满足在责任成本或投标价以内进行询价或比价的流程。项目部需提供三家以上工程量比价清单、工期、金额、项目利润情况、专用品牌、专有技术或专利。

B. 甲方指定供应商需提供甲方指令单，并在免招标报告中详细说明指定原因。

C. 严禁多个品种的材料打包在同一份免招标报告上。

6.4.4.2　工作程序

1. 招标过程

分三个阶段：准备/发标阶段、回标/开标阶段、评标/定标阶段。

2. 准备/发标阶段

准备/发标程序，在招标小组组织下进行。

1）招标申请

（1）项目部根据物资需求计划，编制材料、劳务、专业分包等资源的招标计划，并在计划定标前 10～15 日提交招标申请资料至公司招采部。（招标申请资料包含材料招标申请表、图纸、含拦标价明细的清单、样品、组价分析表。申请资料需经过工程部、成控部及招采部审核，招标小组成员审批后，作为招标文件的组成部分。）

（2）招标采购部根据已审批的招标清单、技术标准、招标限价及合同示范文件汇总编制招标文件并发放。项目部负责对投标人进行答疑。

2）投标人资审

（1）项目部须与工程部、成控部、招采部沟通后共同拟定资审条件，通过资审的投标人须由施工部门与招采部分别拟定，经由公司招标小组审批。

（2）参与投标的单位，具备能力，资信良好，入围投标人数量根据招标金额大小明确如下：

招标金额在 100 万元以下（含 100 万元）的，不少于 3 家；

招标金额在 100 万～300 万元（含 300 万元）的，不少于 4 家；

招标金额在 300 万元以上的，不少于 5 家。

如参标单位未能达到以上数量要求，视为流标，重新组织招标。

（3）法定代表人为同一个人的两个及两个以上，母公司、全资子公司及其控股公司，都不得在同一招标中同时投标，否则应作废标处理。

3. 回标/开标/议标阶段

回标/开标/议标程序，在招标采购部组织下进行。

1）由招标主管组织回标，接收查验投标单位的投标文件并登记。

2）招标负责人需提前 3 日通知各评标人员开标时间与地点，并负责提前通知投标人员，同时协调投标人与财务对接办理投标保证金或保函的手续（拦标价的 2%，不低于5000 元；与公司同期有合作的投标人可以出具应收款转保证金的承诺函）。

3）回标时，投标文件作废、不予接收的情况：

（1）标书封装袋（箱）未封口，或无单位盖章，无法定代表人或其委托人盖章签字；

（2）投标时单位名称与投标回复函单位名称不一致的；

（3）超过投标截止时间的。

4）开标须由招标小组成员参与，公司招标小组可视需要选择成员参与，开标参与人员不得少于工程部、成本控制部、招标采购部各一人。

5）开标时由专人做好记录，如实记录投标文件组成、投标报价、有无漏项等，废标情况要如实记录，在评标时判定。开标记录完成后由参与人员当场会签。详见"开标记录"（附表 6-10）。

6）开标回标采用"一次唱标，多次回标"的方式。根据招标金额确定回标次数，招标金额在 300 万元以下（含 300 万元）的，组织两次回标，招标金额在 300 万元以上的，组织三次回标。

7）公开唱标后，由投标人分别与招标小组进行面对面回标，并对最新报价签字确认。每轮回标对投标人保密，且每轮回标的最高价直接淘汰，不进入下一轮回标。

4. 评标/定标阶段

评标/定标程序，由招标小组组织。

1）由招标采购部组织对投标单位的资质进行评审，按注册资金、近三年业绩等进行排序，结果提交招标小组。

2）由工程部相关人员评判技术标，详细审查技术文件、样板，按综合结果优劣顺序提供给招标小组。

3）由招标采购部整理各投标报价，按规范将商务标排序，并与成本限价进行对比分析；参照标书文件约定货款支付方式对各投标文件的付款方式分析排序，将结果提供给招标小组。

4）评标时，可视需要要求投标单位澄清、补充说明等，必须为书面形式，视同招标文件的一部分。但不得就实质性内容作修改，如报价、货款支付方式等。

5）投标文件废标情况，由评标小组判定：

（1）由委托人签署投标文件，无授权书的；

（2）未按规定格式填写，关键字迹模糊、无法辨认的；

（3）投标人递交多份文件，或在一份投标文件中包含多种价格且不声明最终报价；

（4）投标有效期不满足招标文件要求的；

（5）标书有约定提交投标保证金时，投标单位未提交的；

（6）如允许联合体投标，未附各方共同协议的；

（7）有确凿证据表明投标单位有串标行为的；

（8）标书设立投标限价，投标价格超过限价的；

（9）样板或技术标准不符合招标技术要求的；

（10）其他未实质性响应投标文件要求的。

6）评标时判定有效回标少于三家，且判定没达到竞争效果的，应该提报招标小组重新组织招标。

7）招标采购部负责评标报告的拟稿、报批工作。

8）评标结果报告公司招标小组审核批准。评标结果报告内容组成为：评标报告正文、开标记录扫描件、各商务标分析表、相应的答疑、澄清记录等。

9）根据入围投标人的最终轮回标情况，原则上由最低价中标。

10）评标结果报告批准后，招标采购部按批准内容向中标单位发中标通知书。

11）以中标通知书要求内容，与中标单位进行谈判并签订采购合同。

5. 工作流程图 （图6-1）

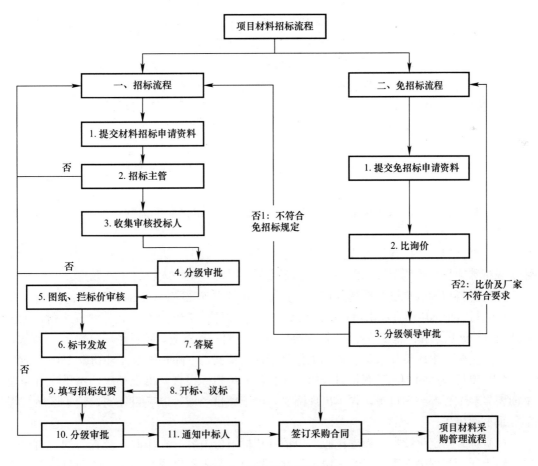

图 6-1 项目材料招标流程

6.4.4.3　工作流程要求

1）项目部关于材料招标的申请资料需按照时间节点提前 10 日提供，否则开标时间将顺延。

2）材料招标清单应当填写采购材料投标的量与价。招标的数量需由项目部现场确认，提供工程量计算书，项目经理为第一责任人。

3）材料采购如有标段划分，清单需提前拟定，不允许开标现场临时划分标段。

4）材料拦标价由项目部拟定提交至成控部成控主管审核签字后生效，拦标价为最高限价。

5）材料招标采购必须填报规格、品牌、材质、质量等级等并附小样。

（1）凡涉及双包材料必须提供"组价分析表"作为招标资料附件。

（2）凡涉及工艺复杂或特殊做法的必须提供施工节点详图作为招标资料附件与清单报价一一对应。

（3）招标文件应对提交样板的材质、工艺、质量验收标准等项目提出具体的技术参数要求，并预留现场踏勘时间及答疑时间。

6）开标时手机统一上交，不允许接打电话。询标过程中有专人陪同，禁止投标人之间信息互通。

7）开标过程中清标工作由成控部成控主管负责。投标人出现不平衡报价时，低价不允许调整，高价部分按工程所在地市场信息价的 80% 计取。

8）投标单位出现以下情况将没收投标保证金：①在规定的投标有效期内撤回其投标；②中途退出投标活动；③在规定期限内未能签订合同。

9）投标单位在投标过程中如发生串标、围标、贿赂相关人员等活动，将没收投标保证金，半年内不允许参加公司任何招标项目。累计发现两次以上违规行为将记入黑名单。

6.4.4.4　处罚措施

（1）项目部自项目进场施工后，若 15 日内未提供材料招标计划表，区域工程部招采经理罚款 100 元/次。

（2）材料在招标前未按规定提前 10～15 天向招标小组提交申请的，项目经理罚款 100 元/次。

（3）材料招标的拦标价由成控部成控主管审核，原则上一天内给予招标专员答复，大体量或特殊项目可延期至第二天答复。如超出规定时间，审核人罚款 100 元/次。

（4）材料招标数量没有现场复核的，责任人罚款 100 元/次（抢工项目除外）。

（5）材料招标申请资料未填报详细规格、品牌、材质、质量等级，需附小样未附，工艺复杂或特殊做法未提供施工节点详图，不能与清单子目一一对应，项目经理罚款 200 元/次。

（6）招标小组成员如未参加招标工作且未提前请假的，除特殊情况外罚款 100 元/次。

（7）项目部达到招标限额材料未招标并且没有免招标报告，出现一次，给予项目经理书面警告，工程部经理口头警告；出现两次，给予项目经理暂停项目处罚，给予区域工程部经理书面警告。

（8）甲方指定手续资料弄虚作假、申请免招标报告内容弄虚作假，经查实的，出现一次，给予项目经理书面警告，给区域工程部经理口头警告；出现两次，给予项目经理暂停项目处罚，给予区域工程部经理书面警告。

（9）合同执行弄虚作假，更换中标单位，经查实的，出现一次，给予项目经理书面警告，给予区域工程部经理口头警告；出现两次，给予项目经理暂停项目处罚，给予区域工程部经理书面警告。

（10）拆分工程量规避招标，经查实的，出现一次，给予项目经理书面警告，给予区域工程部经理口头警告；出现两次，给予项目经理暂停项目处罚，给予区域工程部经理书面警告。

（11）合同决算金额超出中标价 5％以内，且无甲方变更指令单或合理报告，经查实的，给予项目经理书面警告，给予工程部经理口头警告；合同决算金额超出中标价 5％以上，且无甲方变更指令单或合理报告，经查实的，给予项目经理暂停项目处罚，给予工程部经理书面警告。

（12）招标资料提交比规定时间提前且完整无误，定标结果比拦标价低 10％的，给予相关人员 200～500 元的奖励。

6.5　物资验收与检验

1）项目经理部施工员负责对进场物资的数量和质量验收把关；对大宗物资、批量物资实行两人或以上共同验收制度，条件具备的可通过视频监督物资验收过程。甲供材料必须实行三方共同验收制度，班组、项目施工员、甲方或监理的采购员共同验收。相关人员按要求在原始验收记录单（送货单或收料单）或"进场/入库物资验收登记簿"（附表 6-6）上签字。

2）数量和质量检验

（1）计重物资数量检验：计重物资一般按净重计算，以理论换算交货的按理论换算，按件标明重量或数量的物资，可以进行抽检，一般抽检率为 5％～15％。按净重计算的带包装、捆扎物资抽取 10％检验。不能换算或抽检的物资，应全部检验。

（2）计件物资数量检验：计件物资要全部清点件数，带有附件或成套洁具或设备，要分别清查附件数量，固定包装小件物资，如包装一致，可抽查 5％～15％，如无差错，可不再检验，否则应全部检验。

（3）对于需要检验和试验的物资，项目物资管理人员在物资到达时必须及时通知工程试验人员做好取样试验，填写"物资送检台账"（附表 6-7），具体执行进货检验和试验程序。

3）对进场物资必须及时进行验收，在规定的时间内验收完毕。金属材料不超过 3 个工作日，需进行理化检验的不超过 7 个工作日，其他物资不超过 2 个工作日，特殊情况经过上级物资主管部门批准后，可酌情延长验收时间。

4）物资进场经验收合格后，应由项目仓管员及时办理入库手续，填制材料点验单，并对入库物资按要求进行标识。点验单主要反映供货单位、采购人员及验收人员的基本信息，是材料经验收入库付款的基本依据。如供货商没有及时开具发票，应在月底前对到库物资进行预点入账，待正式发票到后再对预点单进行冲减。

5）对建设方提供的物资按施工合同约定，做好物资质量、样品、价格确认手续；按合同规定，组织物资进场、验收、检验、贮存、使用管理；及时办理结算手续。

6.6　物资的使用与盘点

1) 项目经理部必须依据主要物资需用量核算表，建立主要物资限（定）额供应台账，按照材料计划执行，定额控制；根据施工进度分次、分批发放，严禁一次性超计划供应。办理领发料手续，填写领料单。

（1）领料单是仓库发料的凭证，反映的是领用单位及材料使用方向，主要材料写明使用工程部位名称，辅助材料不分工程分项名称，统一标明"三类"用料。

（2）在开发领料单时，如在封闭的库房内领料，必须先开领料单才能到库房内领料，在现场存放的砂石、砖、石材等材料，不能办理正常出入库手续，应在材料进场后，联合施工班组对材料数量、质量进行验收并将材料下发对应班组，同时做好入库与出库的手续，做好保管责任的移交。

2) 劳务班组的物资发放按照合同规定进行发放，领料必须是有权领料人签字；对劳务班组的施工用料进行动态管理，及时掌握现场材料消耗情况，严禁劳务班组在施工过程中偷工减料以及将施工用料或工地剩余物资对外处理或销售。

（1）劳务班组进场后，单独设立采购员 1～2 名。该人员由劳务班组负责人（签约人）直接委任，并附正式委托书一份，由签约人签字盖章，留项目部备案，施工队伍所需各种料具均由该人员签领，其他人员无权办理签领手续。

（2）劳务班组领用材料时，由劳务班组的采购员填写"材料领用单"（附表 6-8），然后到分项工程负责人或项目施工员处审批。最后由劳务班组采购员执审批的"材料领用单"（附表 6-8）到仓管员处办理领料手续。

（3）劳务班组劳保用品的发放，由仓管员填写发放记录并填写"劳保用品发放记录"（附表 6-9），按采购成本在"材料/分包结算单"（参见附表 17-4）中核减相应金额。

3) 招标采购部应利用信息化管理手段处理物资基础业务，月末定期编制物资收、发、存动态表，周转材料摊销单等，财务部按月审核单据，进行对账处理。每个月末（25日），项目经理部仓管员应把当月的点验单和领料单装订成册，并填写物资动态汇总表，交财务部一份。

4) 项目经理部实行物资月末盘点制度。物资盘点与项目收方、结算同步，库存盘点不仅包括库房及料场的原材料库存，还包括各工序未投入使用的原材料、半成品库存。仓管员应配合主管部门对库存物资按月盘点，并填写"库存物资盘点表"（附表 6-10），对盘点出现的问题或物资丢失、损坏应及时书面报告。财务部门设置存货明细账，并按存货种类进行明细核算，物资部门设置实物明细账，每月末编制物资动态表，并与财务部门存货明细账核对，保证账物相符，账账相符。

6.7　物资核算

（1）项目经理部对主要物资应坚持"月核算、季分析"的核算原则，定期开展材料核算工作。每季度应进行一次详细"量、价、费用"三方面的物资核算、分析，基础数据真实完整，不足一季即完成的项目可以只分析一次。

（2）项目经理部应对劳务班组施工用主要材料消耗月核算、定期考核；分析节超原因，提出改进措施，并对超耗材料按合同约定进行结算。

6.8 周转材料、电箱电缆、低值易耗品管理

1）公司建立周转材料调剂平台，发布指导价，定期更新信息，优先从内部调剂、租赁。

2）项目经理部依据编制的施工组织设计中周转材料需用计划，招标采购部根据需用计划确定是否新购或租赁，并上报公司审批。

3）项目经理部建立健全周转材料及电箱、电缆的收、发、存、领、用、退、租赁台账，加强周转材料的现场管理。

4）周转材料管理要求：

（1）电箱、电缆采用分期摊销法摊销，木制周转材料摊销期限最长不超过两年，铁制周转材料最长不超过四年，专用及其他周转材料一次性摊销。

（2）工程使用的钢管、扣件，实行"谁使用，谁负责"的制度，施工单位采购和租赁钢管、扣件时，要查验和保存营业执照、生产许可证、产品合格证、检测报告等资料。

（3）项目经理部在编制施工组织设计时应进行周转物资经济技术评审，尽量选择使用通用周转物资，合理安排进出场时间，减少周转物资使用时间，降低使用成本。

（4）工班应设兼职采购员，负责电箱、电缆（二级箱以下的电缆及三级箱由班组自行提供）的领用，并在领料单（新品出库时须填写领料单，作为工程成本支出）和物品保管卡片上签收确认。

5）低值易耗品管理要求：

低值易耗品是指不构成固定资产，单价在2000元以下并可以重复周转使用的各种物品。由物资使用部门进行实物管理，低值易耗品领用时采取一次摊销法进行摊销。

6.9 物资调差资料管理

工程设计变更及施工期间因物价变动需要进行物资调差的，经成控部、招标采购部等部门及时收集、妥善保管本阶段物资采购资料，原始票据，以便向甲方提供全面、真实的调价依据。

6.10 工地剩余物资和废旧物资处理

工地剩余物资和废旧物资清点造册、评估并提出处理意见，报公司批准后执行，并填写"卖出废品月报表"（附表6-16），禁止账外处理。

6.11 附表

附表6-1：合格物资供方名录

附表 6-1　　　　　　　　　　　　　　合格物资供方名录

序号	供方名称	物资类型	规格型号	供方通讯地址	联系人	电话	备注

附表6-2   物资供方调查/考察审批表

日期：

物资供方编号	

物资供方名称：
联络地址：
联系人：
电话：   传真：
拟供物资名称：
供方类型：□生产厂家　　□经销商

调查情况	1. 资质：□营业执照　□税务登记证　□组织机构代码证　□资质证书　□安全生产许可证　□其他：
	2. 许可：□生产许可证　　　　　　　□其他：
	3. 产品质量： □具有有效产品检验合格证　　□具有省部级检测机构出具的检测报告 □具有有效产品报告书　　　　□样品检验和试验合格 □待进货时检验试验　　　　　□已经使用过，质量良好 □名优产品　　　　　　　　　□其他：
	4. 履约能力（包括厂房面积、设备、深化人员、车间人员、厂方优势资源等）：
	5. 管理制度：
	6. 管理体系认证情况：

产值	201　年总产值	201　年总产值	201　年总产值

招采部评定	管理制度建设情况	
	承接项目业绩	
	最大加工量	
	建议工程体量	
	最大垫资额度	
	评定意见	□合格　□不合格

工程部评审意见： 批准人：年　月　日	招采部评审意见： 批准人：年　月　日
分管副总评审意见： 批准人：年　月　日	总经理评审意见： 批准人：年　月　日

附表 6-3　　　　　　　　　　**主要物资需用量明细表（项目部编报）**

工程名称：　　　　　　　　　　　　　　　　　　　　　　　日期：

	材料名称	单位	规格及型号	消耗量	备注
1.（清单名称）					
1.1					
1.2					
1.3					
1.4					
2.					
2.1					
2.2					
2.3					
3					
3.1					
……					

预算员：　　　　　　　　　　　　　项目经理：
区域成本经理：　　　　　　　　　　成本部成本主管：

日期：　年　月　日

注：本表为项目部驻场预算员按施工图及清单填列设计数量，提交审核后。用于物资采购及统计分劳务分包队限额供应数量。

附表 6-4　　　　　　　　　　　　　**甲供（控）材清单**

NO	甲供材名称	数量	规格	配合费	到、退货时间	验收结果	验收人
1							
2							
3							

项目预算员：_____ 　　　　　　　年　月　日 项目经理：_____ 　　　　　　　年　月　日 区域材料经理：_____ 　　　　　　　年　月　日 区域工程部经理：_____ 　　　　　　　年　月　日	成本部：_____ 　　　　　　　年　月　日 招采部：_____ 　　　　　　　年　月　日 分管副总：_____ 　　　　　　　年　月　日 总经理：_____ 　　　　　　　年　月　日

NO	甲控材名称	供应商/分包商	数量	价格	总价	配合费	支付方式
1							
2							
3							

项目预算员：_____ 　　　　　　　年　月　日 项目经理：_____ 　　　　　　　年　月　日 区域材料经理：_____ 　　　　　　　年　月　日 区域工程部经理：_____ 　　　　　　　年　月　日	成本部：_____ 　　　　　　　年　月　日 招采部：_____ 　　　　　　　年　月　日 分管副总：_____ 　　　　　　　年　月　日 总经理：_____ 　　　　　　　年　月　日

1. 本表由预算员配合，从"二算对比表"中筛选（清单可输入电脑），附甲方招标文件中的证明或甲方指令单，由业务人员确认后，报总经理审批，送财务部、成本部。施工过程中预算员、施工、材料员进行动态管理。
2. 未经甲供（控）材料审批的材料不得走特殊采购流程。
3. 配合费除合同约定，还可和甲方单独商定，并建议由甲方直接支付我方。
4. 甲供材数量和质量不符合要求应及时办理退货手续，并通知甲方认可。
5. 甲供/控材应严格控制领用数量和损耗，损耗系要与甲方另行签定，以免多出损耗被甲方扣款。

附表 6-5　　　　　　　　　　　　　　　　物资采购申请表

		工程名称：					项目经理：		
	NO	日期	材料名称	品牌	规格	拟用部位	数量	要求到场时间	备注
主材	1								
	2								
	3								
	4								
	5								
	6								
	...								
辅材	1								
	2								
	3								
	4								
	5								
	6								
	...								

施工员/施工主管：　　　　　　　　　预算员：　　　　　　　　　项目经理：

日期：　年　月　日

1. 本表为统计每月 5 日到 20 日的材料采购的计划表；
2. 请于每月 5 日前交给材料经理；
3. 此表与材料采购明细汇总表一起使用。

附表 6-6　　　　　　　　　　　　　　进场/入库物资验收登记簿

工程名称：　　　　　　　　　　　　　　　　　　　　　　　　　　　　　日期：

序号	供料单位	物资名称	型号规格	批号	生产厂家	计量单位	数量		送货单号	质量证明文件	验收情况记录	验收人签字	劳务队验收人	存料地点
							应收	实收						

注：所有进场及入库物资必须登记入簿，包括零星材料，作为物资实际进场/入库的原始记录；项目经理部可按主
　　材类别分别建立若干本《进场/入库物资验收登记簿》。

附表 6-7　　　　　　　　　　　　　　　物资送检台账

工程名称：　　　　　　　　　　　　　　　　　　　　　　　　　　　　　日期：

序号	物资名称	型号规格	批号	生产厂家	计量单位	代表数量	送检日期	委托单号	检验单位	检验日期	检验报告编号	检验结果	备注

附表 6-8　　　　　　　　　　　　　　　材料领用单

工程名称：						项目经理：		
NO	材料名称	品牌规格	单位	领用数量	使用部位	施工员	领用人	日期
1								
2								
3								
4								
5								
6								
7								
8								
9								
10								
11								
12								
13								

材料员：　　　　　　　　采购员：　　　　　　　　预算员：

　　　　　　　　　　　　　　　　　　　　　　　　　单号：

1. 本表为项目部对班组领用控制。
2. 表格填写时，应注明详细的使用部位，材料员仔细审核数量，并要求相关把控人员（施工员、预决算员或深化设计）仔细审核数量签字才能让班组领取。
3. 主材、面层材料定制材料、洁具、电线电缆等贵重物品都用此表登记领取。

附表 6-9　　　　　　　　　　　　　　　劳保用品发放记录

工程名称：

序号	用品名称	单位	品牌	规格	领用部门	领用时间	领用人	发放人	备注

附表 6-10   **库存物资盘点表**

工程名称：   日期：

序号	物资名称	规格型号	单位	实存数量	账面数量	盘盈（＋）盘亏（－）	破损	变质

盘点人：   管库员：   监盘人：

附表 6-11   **卖出废品月报表**

工程名称：   日期：

序号	废品名称	数量	卖出金额	时间	确认人
项目经理：					
材料员：					
采购员：					

1. 仓库废品应定期清理，登记后卖出。

2. 卖卖废品的现金直接上交财务，不得随意使用，一经发现翻倍处罚当事人及主管人员。

3. 仓库废品卖出应得到项目经理采购员，签字后才可生效。

附表 **6-12**　　　　　　　　　　　　　**物资招标申请表**

日期：

工程名称：			项目经理：

工期要求	招标范围： □ 物资采购 □ 物资采购铺装(石制品包括：辅材□ 黄砂　□ 水泥　□ 粘结剂　□ 干挂件　□ 胶水等) 　　　　　　(苗木包括：辅材□ 铺装五金　□ 挂条　□ 发泡剂　□ 干挂件　□ 胶水等) 　　　　　　(其他深加工材料包括：　　　　　　　　　　　　　　)	
	工程总工期	年　月　日至　年　月　日
	供货时间要求	年　月　日至　年　月　日
	安装时间要求	年　月　日至　年　月　日

报价付款	报价方式： 　　□ 按"招标工程量清单"格式报价。 　　□ 不按"招标工程量清单"格式报价(如不按请项目部提供报价清单及说明)。 预付款方式(必填，包括预付款、进度款及完工结算)：

项目要求	预期开标时间	年　月　日至　年　月　日	
	质量要求：		限价要求：
	施工地点：		前期配合放线要求：

拟邀请配合单位	项目部推荐供应商：(如非会员单位需附"物资供方调查/考察审批表") 公司名称＿＿＿＿＿＿＿＿＿＿＿联系人电话 公司名称＿＿＿＿＿＿＿＿＿＿＿联系人电话 公司名称＿＿＿＿＿＿＿＿＿＿＿联系人电话
	招采部推荐供应商： 公司名称＿＿＿＿＿＿＿＿＿＿＿联系人电话 公司名称＿＿＿＿＿＿＿＿＿＿＿联系人电话

项目预算员：＿＿＿＿＿＿＿＿＿＿ 　　　　　　　　　　　年　月　日 项目经理：＿＿＿＿＿＿＿＿＿＿ 　　　　　　　　　　　年　月　日 区域材料经理：＿＿＿＿＿＿＿＿ 　　　　　　　　　　　年　月　日 区域工程部经理：＿＿＿＿＿＿＿ 　　　　　　　　　　　年　月　日	工程部：＿＿＿＿＿＿＿＿＿＿ 　　　　　　　　　　　年　月　日 成控部：＿＿＿＿＿＿＿＿＿＿ 　　　　　　　　　　　年　月　日 招采部：＿＿＿＿＿＿＿＿＿＿ 　　　　　　　　　　　年　月　日 分管副总：＿＿＿＿＿＿＿＿＿ 　　　　　　　　　　　年　月　日 总经理：＿＿＿＿＿＿＿＿＿＿ 　　　　　　　　　　　年　月　日

1. 请区域招采经理于开标前 10 天上报公司招采部相关招采专员。
2. 项目部必须明确此表中的各项内容。

附表 6-13　　　　　　　　　　　　　　　　开标记录表

工程名称		项目经理	
招标内容		招标控价	
开标时间		开标地点	
主持人		记录人	
定标方式			

开标结果（可按实际调整格式组成）

序号	投标单位名称	投标报价					备注
		唱标	一议	二议	三议	定标	
1	...	...					
2							
3							
4							
5							
6							
评标结果情况说明							
参加人员会签	投标单位　　　　　　　　　　　　　　　　　　　　　　年　月　日						
	评标单位　　　　　　　　　　　　　　　　　　　　　　年　月　日						

说明：表格主办的责任部门为招标经办部门，存档部门为招标采购部。

附表 6-14 物资供方定期复评表

日期：

物资供方名称			
考评项目	考评记录		
管理能力	□ 良好	□ 合格	□ 较差
劳动力数量	□ 有保证	□ 一般	□ 不能保证
质量水平	□ 合格	□ 不合格	□ 批次/数量
信誉	□ 良好	□ 合格	□ 较差
服务	□ 良好	□ 合格	□ 较差

序号	提供物资名称	合同金额	配合工程名称	后评得分
1				
2				
3				

综合得分	配合项目总得分/项目数量＝
考评等级（分值）	□ A（90-100） □ B（75-89） □ C（60-74） □ D（0-59）
适用项目类型	□ 示范区 □ 交房区 □ 货量区 □ 市政绿化

工程部评审意见： 批准人： 年 月 日	招采部评审意见： 批准人： 年 月 日
分管副总评审意见： 批准人： 年 月 日	总经理评审意见： 批准人： 年 月 日

附表6-15　　　　　　　　　物资供方（供货含铺装）项目后评表

日期：

工程名称						项目经理		
供方名称						承包内容		
评分内容		评分值				项目部评分	职能部门评分
		优	良	合格	差		
施工前期	确定项目专人对接配合	5	4	3	0		
	前期策划（进度计划制定、参与放线）	5	4	3	0		
	前期配合（配合报价、小样制作、大样先行）	5	4	3	0		
	深化设计能力	10	8	6	0		
	是否在施工区域有规模苗圃	5	4	3	0		
施工期间	供货质量	10	8	6	0		
	供货进度及配套性	10	4	3	0		
	铺装质量	10	8	6	0		
	铺装进度及配套性	10	4	3	0		
	与铺装班组配合	10	8	6	0		
	项目负责人管理、协调能力	10	8	6	0		
施工后期	材料查漏、补缺的及时性	5	4	3	0		
	整体养护质量和服务及时性	5	4	3	0		
其他（扣分）	停工/停供要挟调价补偿	5	4	3	0		
	与公司发生法律纠纷	5	4	3	0		
汇总得分		100					
综合得分		（项目部得分＋职能部门得分）/2＝综合得分					
适用项目类型		□ 示范区　□ 交房区　□ 货量区　□ 市政绿化					
项目部意见			职能部门意见				
		负责人签字：		负责人签字：			

说明：为给公司选择和保留好的供应商，使的管理能力和管理绩效得到最大程度的发挥；公司要求所有有资格参与本综合评定的人员；本着对公司、对班组、对自己负责任的态度写下你客观公正的评定意见。

附表6-16　　　　　　　　　物资供方（仅供货）项目后评表

日期：

工程名称		项目经理	
供方名称		承包内容	

评分内容		评分值				项目部评分	职能部门评分
		优	良	合格	差		
施工前期	确定项目专人对接配合	5	4	3	0		
	前期策划（进度计划制定、样品选样、确认）	10	8	6	0		
	前期配合（配合报价、小样制作、大样先行）	15	12	9	0		
	深化设计能力	10	8	6	0		
	是否在施工区域有规模苗圃	10	8	6	0		
施工期间	供料质量	10	8	6	0		
	供货进度及配套性	10	4	3	0		
	与铺装班组配合	10	8	6	0		
	项目负责人协调管理能力	10	8	6	0		
施工后期	材料查漏、补缺的及时性	5	4	3	0		
	整体养护质量和服务及时性	5	4	3	0		
其他（扣分）	停工要挟调价补偿	5	4	3	0		
	与公司发生法律纠纷	5	4	3	0		
汇总得分		100					
综合得分	（项目部得分＋职能部门得分）/2＝综合得分						
适用项目类型	□ 示范区　　□ 交房区　　□ 市政绿化						
项目部意见 负责人签字：		职能部门意见 负责人签字：					

说明：为给公司选择和保留好的专业班组，使的管理能力和管理绩效得到最大程度的发挥；公司要求所有有资格参与本综合评定的人员；本着对公司、对班组、对自己负责任的态度写下你客观公正的评定意见。

第 7 章 劳务（专业）分包管理

7.1 分包模式

分包模式分为专业分包和劳务分包。

7.2 分包原则

实行专业分包与劳务分包相结合；规范专业分包，推进工序分包；严禁劳务作业承包人将承包的劳务作业再次发包；积极培育有实力、讲诚信的核心型、紧密型劳务企业，合理控制使用分包方数量；统一领导，分级管理，公开公正，严格审批；和谐诚信，互利双赢。

7.3 劳务（专业）企业选择

项目经理部必须在公司"合格劳务（专业）供方名录"（附表 7-1）内选择劳务（专业）企业，拟在项目经理部进行施工分包的单位未办理准入证的，按照"劳务（专业）分包方调查/考察审批表"（附表 7-2）提交书面申请办理准入证后方可使用。

7.4 劳务（专业）分包单位选择

凡需进行分包的工程项目，原则上要实行公开竞标选择劳务（专业）分包单位，做到公平竞争，择优录用。

7.4.1 分包招标计划制定和审批

项目经理组织会议，根据项目管理实施规划和成本计划，研究制定项目分包招标计划，明确分包单元及金额，各分包单元用工时间、队伍类型、队伍数量、劳动力数量、设备配置等需求要素，并申报"劳务（专业）分包招标申请表"（附表 7-3）。

公司主责部门根据项目管理实施规划、成本计划及公司管理制度，审核项目分包招标计划，核算各分包单元涉及的分包金额，在招标计划上附审核意见。公司分管领导根据公司主责部门报送的项目分包招标计划审核意见，结合项目实际情况，对项目招标计划进行审核批准，作为开展项目分包招标工作的依据性文件。

合同金额大于或等于 50 万元的分包项目，由公司组织招标；合同金额小于 50 万元的分包项目，由各区域工程管理部组织招标，二级部门招标时必须有招采、成控部门的人员参与评标，评标结果报公司供成控、招采部审批。

7.4.2　分包招标文件的制定和审批

责任岗位按照分包招标计划，结合公司分包招标范本，制定分包招标文件。责任岗位依据企业规定及分包招标文件范本，结合相关部门意见，审批分包招标文件。

7.4.3　投标人的确定

各区域工程管理部招采经理（或公司主管部门）向合格分包方名册中及拟选用的其他分包方发布招标信息，说明分包项目情况及投标资格等方面的要求。

招标报名结束后，区域工程管理部招采经理（或公司主管部门负责人）根据审批的招标计划，对报名分包单位进行投标资格审查，对其资质、业绩、诚信、履约能力等各方面进行综合评定，填写"劳务（专业）分包招标申请表"（附表 7-3）。项目经理（或区域工程管理部经理）征求有关部门或单位意见，审核确定邀请投标单位。

7.4.4　开标、评标及定标

工程管理部招采经理（或公司主管部门）通知经审核确定的投标单位领取招标文件。责任岗位主持分包招标开标，并按企业规定组织评标小组进行评标，对投标单位的投标文件进行初步评审、详细评审、澄清、说明或补正，推荐中标候选人，编写评标报告。

公司主管部门（或公司分管领导）复核审查各投标人的投标文件及评标报告，并在评标报告上附审核意见。公司分管领导（或公司总经理）审阅评标报告，了解投标相关情况，征求相关部门意见后，批准评标报告。

项目经理部依据上级审批意见，确定中标分包方，并书面通知中标分包方。项目经理部应要求中标分包方接到通知后在招标文件的规定时间内签订分包合同，并按约定缴纳足额履约保证金。

7.5　劳务（专业）企业进场

（1）劳务（专业）企业进场施工前办理进场手续。签订合同前应缴纳履约保证金或提供保函，递交规范用工承诺书，将劳务人员劳动合同交项目经理部备案。劳务（专业）企业进场施工后，按照当地政府主管部门的要求，在当地政府主管部门进行实名制备案。劳务作业承包人应当配备与劳务作业发包人相应的专职劳务员（劳动力管理员），并通过加强对所属建筑劳务施工队长、班组长的管理，促进队伍建设，确保人员稳定。

（2）项目经理部指导劳务企业进行施工准备，安排有关现场管理人员与外部劳务企业管理人员对接。劳务作业发包人应当设置劳务管理机构，项目经理部应当建立劳务管理保障体系，配备兼职劳务员（劳动力管理员），落实施工人员实名制管理工作，履行对用工行为的监管职责。

（3）项目经理部应对劳务（专业）企业实行实名制管理。劳务（专业）企业应向项目经理部提供的劳务人员花名册、劳动合同原件、身份证复印件、体检健康证明、技能等级证书复印件，项目经理部进行审核验证。

（4）劳务人员入场前要进行现场管理制度、安全生产、遵章守纪、安全技术交底、劳动保护、维权等内容的教育。

7.6　分包方的现场管理

7.6.1　技术和进度管理

及时进行技术交底，下达进度计划，组织分包方负责人参加生产会议，对交底执行情况和施工进度进行检查。

7.6.2　物资和机械设备管理

对构成工程实体的主要材料（甲供），必须按规定检验合格后方可允许分包方使用，并严格过程控制，及时盘点、核算；对分包方的有关物资、机具和设备按规定进行进场验证，其操作人员应持证上岗。

7.6.3　安全、质量、环保和职业健康管理

（1）项目经理部应建立包括劳务队伍、作业层实体管理人员在内的安全生产、工程质量管理体系，并明确各自管理职责。

（2）项目经理部在劳务队伍、作业层实体进入施工现场作业前必须签订施工安全生产、消防治安等责任书。

（3）分部分项工程施工前，项目经理部施工主管、技术负责人、专业管理人员、专职安全质检员负责向劳务队伍、作业层实体相关成员进行质量标准、操作工序工艺、安全生产、文明施工等方面进行交底，履行签认手续。劳务队伍、作业实体必须按照项目经理部的书面交底，有效组织，进行质量标准、操作工序工艺、安全生产等方面过程控制与管理，确保落实到位。

（4）项目经理部应与劳务队伍、作业实体共同开展安全生产、工程质量定期检查和日常排查。劳务队伍、作业实体对检查发现的问题必须按照"定措施，定人员，定资金，定时限，定验收人"的"五定原则"限期整改完毕。项目经理部安全质检员必须按照"定人员，定时限"进行复查验收；对未能达到整改要求的，项目经理部有权采取经济处罚、停工整顿及约谈劳务队伍企业负责人等手段进行处置，情节严重的项目经理部有权解除施工合同。

（5）项目经理部应定期组织劳务队伍、作业层实体开展应急救援演练工作。劳务队伍、作业层实体对发现的问题有义务及时上报项目经理部；遇有紧急突发情况，有权紧急撤离，有义务采取必要措施，防止事态扩大。

（6）项目经理部应按规定督办检查劳务队、作业层实体队伍自身安全质量环保节能管理，认真做好班前现场作业环境排查，抓好班前、岗前教育和班组安全质量活动，提高全员安全生产、工程质量意识，提高作业人员操作质量、安全操作水平。杜绝"违章

指挥，违章操作，违反劳动纪律"的"三违"行为，切实提升"不伤害自己，不伤害他人，不被他人伤害"的"三不伤害"能力。班前、岗前教育记录每周上报项目经理部。

（7）一旦发生突发事件，项目经理部必须立即启动应急救援预案，及时上报，并督导督办劳务队伍采取有效措施，疏散人员，开展自救，确保伤者在最短的时间得到最好的救治，最大限度降低财产损失，最快速度消除社会影响，最大范围让员工得到教育。

（8）项目经理部必须根据施工合同、协议等法律文书及公司管理规定对劳务队伍、作业层实体的安全生产、工程质量进行有效管理。

（9）劳务队伍必须遵守国家、行业、地方政府有关安全生产和质量管理的法律、法规、规章制度和技术标准，严格履行自身主体管理和操作责任，必须按照合同的约定对施工内容的安全生产和工程质量负责。劳务队伍必须服从管理，施工期间造成的自身伤害、他人伤害和经济损失承担全部管理责任和法律责任。否则，必须承担相应经济损失和法律责任。

（10）项目经理部需对劳务队伍等作业层进行培训和检查，对存在的问题提出整改要求，限期整改，对整改未达要求的分包方采取措施予以纠正，情节严重的应解除合同。

7.6.4　劳务人员现场管理

（1）项目经理部督促劳务（专业）企业建立劳务人员花名册，并将花名册根据动态管理原则，按照公司文件要求及时、准确报项目经理部。

（2）项目经理部要配套考勤机，对劳务人员上下班进行实名制考勤，为测算劳务班组总用工量提供切实依据，也为防止恶意讨薪提供证据。

7.7　劳务企业考评

（1）项目结束后，项目经理部对劳务单位进行后评价，并填报"劳务（专业）分包后评表"（附表 7-4）。公司招采部每年组织对劳务单位进行年度复评，并根据考核结果发布"劳务（专业）分包定期复评表"（附表 7-5）。

（2）考评内容：劳务企业的基本情况、资源配置、工程进度、施工安全、工程质量、现场文明施工、综合管理及法律纠纷等。

7.8　附表

附表 7-1：合格劳务（专业）供方名录。

附表 7-2：劳务（专业）分包方调查/考察审批表。

附表 7-3：劳务（专业）分包招标申请表。

附表 7-4：劳务（专业）分包后评表。

附表 7-5：劳务（专业）分包定期复评表。

附表 7-1　　　　　　　　　　合格劳务（专业）供方名录

序号	供方名称	提供工种类型	提供工种人数	供方通信地址	联系人	电话	备注

附表 7-2   劳务（专业）分包方调查/考察审批表

日期：

劳务供方编号	

劳务供方名称：
联络地址：
联系人：
电话：   传真：
提供劳务名称：

调查情况	1. 资质：□ 营业执照　　□ 税务登记证　　　　□ 组织机构代码证 　　　　　□ 资质证书　　□ 安全生产许可证　□ 其他：
	2. 许可：□ 生产许可证　　　　□ 其他：
	3. 企业资质： 　　　□ 具有有效产品检验合格证　　□ 具有省部级检测机构出具的检测报告 　　　□ 具有有效产品报告书　　　　□ 样品检验和试验合格 　　　□ 待进货时检验试验　　　　　□ 已经使用过，质量良好 　　　□ 名优产品　　　　　　　　　□ 其他：
	4. 履约能力（包括厂房面积、设备、深化人员、车间人员、厂方优势资源等）：
	5. 管理制度：
	6. 管理体系认证情况：
	产值 | _____年总产值 | _____年总产值 | _____年总产值

招采部评定	管理制度建设情况	
	承接项目业绩	
	最大加工量	
	建议工程体量	
	最大垫资额度	
	评定意见	□ 合格　　□ 不合格

工程部评审意见： 批准人：　　　　　　　　年　月　日	招采部评审意见： 批准人：　　　　　　　　年　月　日
分管副总评审意见： 批准人：　　　　　　　　年　月　日	总经理评审意见： 批准人：　　　　　　　　年　月　日

附表 7-3　　　　　　　　　　**劳务（专业）分包招标申请表**

日期：

工程名称：	项目经理：

工期要求	招标范围：□ 劳务清包 　　　　　□ 劳务小双包（辅材包括：　　　　　　） 　　　　　□ 劳务大双包（主材包括：　　　　辅材包括：　　　　　　　　）	
	工程总工期	___年___月___日至___年___月___日
	分包工程工期	___年___月___日至___年___月___日

报价付款	报价方式： □ 按"招标工程量清单"格式报价。 □ 不按"招标工程量清单"格式报价（如不按请项目部提供报价清单及说明）。 预付款方式（必填，包括预付款、进度款及完工结算）：		

项目要求	预期开标时间	___年___月___日至___年___月___日	
	质量要求		限价要求
	施工地点		前期配合放线要求

拟邀请配合单位	项目部推荐供应商：（如非会员单位需附"劳务（专业）分包方调查/考察审批表"） 公司名称_____联系人_____电话_____ 公司名称_____联系人_____电话_____ 公司名称_____联系人_____电话_____
	招采部推荐供应商： 公司名称_____联系人_____电话_____ 公司名称_____联系人_____电话_____

项目预算员：_____ 　　　　　　　　　　___年___月___日 项目经理：_____ 　　　　　　　　　　___年___月___日 区域材料经理：_____ 　　　　　　　　　　___年___月___日 区域工程部经理：_____ 　　　　　　　　　　___年___月___日	工程部：_____ 　　　　　　　　　　___年___月___日 成控部：_____ 　　　　　　　　　　___年___月___日 招采部：_____ 　　　　　　　　　　___年___月___日 分管副总：_____ 　　　　　　　　　　___年___月___日 总经理：_____ 　　　　　　　　　　___年___月___日

说明：1. 请区域招采经理于开标前 10 天上报公司招采部相关招采专员。
　　　2. 项目部必须明确此表中的各项内容。

附表 7-4　　　　　　　　　　　　　　劳务（专业）分包后评表

工程名称						项目经理		
供方名称						承包内容		
评分内容		评分值				项目部评分	职能部门评分	
		优	良	合格	差			
基本情况	履约情况	10	8	6	0			
	专职劳务管理员配置满足要求	5	4	3	0			
	人员持证上岗情况	5	4	3	0			
资源配置	按照要求配足人员与设备数量	10	8	6	0			
安全管理	安全员配置满足需要	5	4	3	0			
	安全措施周密、检查整改到位，安全生产处于受控状态	5	4	3	0			
	未出安全事故	5	4	3	0			
质量管理	质检员配置满足需要	5	4	3	0			
	质量自检、互检、交接检到位，整改措施落实到位	10	8	6	0			
	完工项目质量	5	4	3	0			
进度管理	总工期满足工期需要	5	4	3	0			
	节点工期满足需要，过程调整及时	5	4	3	0			
现场文明施工	施工场地按设计布置、临电设施、机械设备、料库料场、材料构件等整齐有序	5	4	3	0			
	电缆线路架设、配电、用电设备安装符合规定	5	4	3	0			
综合管理	用工均签订劳务合同未为劳务人员缴纳劳务保险	5	4	3	0			
	及时上报动态的劳务人员名单及工资清单及时发放不拖欠	5	4	3	0			
	进场人员遵纪守法	5	4	3	0			
法律纠纷（扣分）	是否存在再次转包	5	4	3	0			
	停工要挟项目调价或补偿	5	4	3	0			
	和公司发生法律纠纷	5	4	3	0			
汇总得分		100						
综合得分		（项目部得分＋职能部门得分）/2＝综合得分						
适用项目类型		□示范区　□五星级酒店　□三、四星级酒店　□普通酒店 □办公室　□批量精装　□高档住宅						
项目部意见				职能部门意见				
		负责人签字：				负责人签字：		

说明：为给公司选择和保留好的专业班组，使得管理能力和管理绩得到最大程度的发挥，公司要求所有有资格参与本综合评定的人员，本着对公司、对班组、对自己负责任的态度写下客观公正的评定意见。

附表 7-5 　　　　　　　　　　 **劳务（专业）分包定期复评表**

日期：

劳务供方名称			
考评项目	考评记录		
管理能力	□ 良好	□ 合格	□ 较差
劳动力数量	□ 有保证	□ 一般	□ 不能保证
质量水平	□ 合格	□ 不合格	□ 批次/数量
信誉	□ 良好	□ 合格	□ 较差
服务	□ 良好	□ 合格	□ 较差

序号	提供劳务名称	合同金额	配合工程名称	后评得分
1				
2				
3				
4				

综合得分	配合项目总得分/项目数量＝
考评等级（分值）	□ A（90～100）　□ B（75～89）　□ C（60～74）　□ D（0～59）
适用项目类型	□ 示范区　□ 五星级酒店　□ 三、四星级酒店　□ 普通酒店 □ 办公室　□ 批量精装　□ 高档住宅

工程部评审意见：	招采部评审意见：
批准人： 　　　　　年　月　日	批准人： 　　　　　年　月　日
分管副总评审意见：	总经理评审意见：
批准人： 　　　　　年　月　日	批准人： 　　　　　年　月　日

第8章 进 度 管 理

8.1 进度管理责任体系

(1) 公司建立以总经理为责任主体,由公司领导、各职能部门负责人组成的项目进度管理体系,并明确相应职责。负责制定本单位进度管理制度,审批施工进度计划,定期深入现场对计划执行情况进行检查,核实项目上报的各种有关进度资料的准确性,提出整改要求。

(2) 项目经理部应建立以项目经理为责任主体,由项目经理部骨干成员、施工班组长组成的项目进度控制体系,编制项目进度管理办法及工期保证措施,明确相应职责。必须准确上报公司要求的各种报表、资料。

(3) 公司工程管理部应及时转发公司有关文件,按公司要求组织各种报表、资料的填报,并按公司要求对报表、资料进行审核。项目应按公司要求上报"开工准备情况报告"(附表8-1)、"周(月)进度计划"(附表8-2)、"完工情况报告"(附表8-3)、"重点工程施工生产周报"(附表8-4)。

8.2 项目进度管理要求

(1) 项目进度管理应在确保安全质量的基础上,以均衡生产为原则,以各项管理措施为保证手段,以实现合同工期为最终目标,实行施工全过程的动态控制。

(2) 项目经理部与劳务班组签订劳务合同时,应明确各阶段工期要求。

(3) 项目经理应根据计划组织各部门落实人、机、料等相关资源及时到位。

8.3 施工进度计划的编制、审批

(1) 由项目经理牵头组织项目施工主管、施工员、安全质检员及相关人员召开会议,在施工组织设计中根据合同工期,优化资源管理,明确项目施工进度目标、重要节点目标,并编制总体施工进度计划,同时按不同阶段将施工总体进度计划分解为总体计划、月度及周施工进度计划。

(2) 施工总体、月度进度计划报公司工程管理部及建设、监理单位审批后,细化分解到各作业队执行。

8.4 施工进度管理细则、工期保证措施的制定

由项目经理牵头组织相关部门召开工期安排会议,进行施工进度计划交底,明确相关

责任人，制定施工进度管理细则和保证措施，建立工期控制台账。

8.5 施工进度的跟踪、检查、分析

（1）项目经理部应设立专（兼）职调度，对施工进度计划的实施进行跟踪、监督、记录。施工员每天根据进度计划的实施及管理情况填写施工员日志，并报调度。调度汇总后以调度日报的形式上报所属工程部、公司。调度日报应记录现场的气象、生产进度、干扰施工生产的因素及排除情况。

（2）由项目经理组织相关人员进行施工进度日检查，周、月汇总进度管理情况，分析进度偏差产生的原因及采取的整改措施。

（3）项目施工主管应以每日生产交班会、周例会或专题会等方式查找差距，落实计划，对进度进行有效控制。

（4）公司工程管理部应定期监控项目的施工进度，加强过程预控。

8.6 施工进度计划的调整

（1）项目经理应按月组织相关部门对进度偏差状况进行总结，当进度计划执行出现偏差时，项目经理应组织相关部门研究纠偏措施，调整人、机、料、工序等安排。项目调度督促相关部门落实解决，并及时将落实情况向项目经理汇报，或在周例会上通报。

（2）当月没有完成计划的部分，必须调整到次月，确保季度计划的完成；本季度没有完成的计划，必须调整到下季度，确保年度计划、总体计划的顺利实现。

（3）由建设单位、工程变更、不可抗力等原因造成的关键线路上的工期延误，应及时收集资料，在合同约定的时限内向相关单位提出工期顺延申请，并及时调整各阶段工期计划。

8.7 进度延误预警

各区域工程管理部应组织各项目负责人研究划分进度延误预警等级，制定预警机制。项目经理部发生月进度或重要节点计划进度延误时，公司工程管理部及所属工程管理部应按预警等级划分及时发出相应级别预警信号，并进行重点监控与检查。

8.8 附表

附表 8-1：开工准备情况报告。
附表 8-2：周（月）进度计划。
附表 8-3：重点工程施工生产周报。
附表 8-4：完工情况报告。

附表 8-1　　　　　　　　　　　　　　开工准备情况报告

工程名称		项目经理	
工程地点		合同金额	
建设单位		联系人及电话	
设计单位		联系人及电话	
监理单位		联系人及电话	
计划开工日期		计划竣工日期	

开工准备情况	1. 施工场地三通一平及各种手续办理情况； 2. 施工组织设计及开工必需的专项施工方案完成及批准情况； 3. 施工图纸交底情况； 4. 机械设备进场检查情况； 5. 施工用材料采购及检验合格情况； 6. 三级安全教育及各工种施工安全交底情况； 7. 劳务队伍准备情况； 8. 现场开工前标准化建设情况； 9. 各项管理制度建立情况		
	主要管理人员	职务	名称
	主要工作人员	工种	单位名称

公司意见	

劳务班组		工程部经理	
项目经理		副总经理	
区域工程部经理		总经理	

附表 8-2 周（月）进度计划

工程名称：   日期：

内容序号	上周未完成

内容序号	本周进度计划

施工单位：	监理审核意见：	甲方审核意见：

施工单位项目经理部（章）：_____
项目经理：_____

说明：1. 根据项目的进度及实际情况，综合考虑配合单位、甲供材的施工进度及供货能力制定切合实际的进度计划。

2. 结合当地情况，甲方或监理有指定表单的，则用指定表单，未指定表单的可使用此表单。

3. 反映问题简洁明了，应由监理、甲方签收或确认，可附图纸。

附表 8-3 　　　　　　　　　　　　重点工程施工生产周报

　　　　　　　　　　　　　　　　　　　　　　_____项目周报

　　　　　　　　编制人：　　　　　　　联系电话：

　　　　　　　　项目审核人：　　　　　联系电话：

　　　　　　　　公司审核人：　　　　　联系电话：

　　　　　　　　项目主管领导：　　　　公司主管领导：

　　　　　　　　报告日期：　　　　年　　月　　日

一、本周施工进度、产值计划完成情况				
完成产值情况（万元）	月计划	本月完成	周计划	本周完成
产值确认情况	上月产值情况		本月产值情况	
收付款情况	本周收款金额（元）	累计收款（元）	累计付款金额	
签证情况	累计发生签证数	已签回签证数	已起报签证数量及动态	
形象进度		上周计划完成		本周实际完成
	土方			
	地形			
	水电			
	乔木			
	灌木			
	石材、铺装			
	铺草			
物资供应情况	材料名称	计划到场日期	实际供货情况	是否满足进度及配合度评价
	土方			
	种植土			
	乔木			
	灌木			
	地被			
	草皮			
	石材			
	室外家具			
	……			
	……			

续表

施工人员考勤情况	工种日期 __月__日至__月__日	周六（人）	周日（人）	周一（人）	周二（人）	周三（人）	周四（人）	周五（人）	是否满足进度及配合度评价
	灰土工								
	土电工								
	杂工								
	绿化工								
	瓦工								
	油工								
	其他								

二、甲方批准的总体进度计划完成情况统计表

序号	施工区域名称	区域内工作节点	节点工期计划	总工作量	剩余工作量	计划/剩余（日历天数）	节点负责人电话
说明	工期为一年以内的工程，必须把总体进度计划全部输入到表中，工期超过一年的工程至少把本年度的进度计划输入到表中，区域内工作节点分解到分部工程						

三、截止到本周一的工程总体进度（各项工作进程用完成百分比表示）要求：按照施工程序说明各区域目前已完成的分部工程中的最后一项，正在施工的分部工程中的分项工程，分项工程按完成其工作量的百分比表示。园林施工阶段，结构、铺装、乔灌、地被、草皮完成情况分别按百分比描述，其余园林施工工作量综合在一起，按完成的百分比描述。安装工作按综合百分比描述

四、总体工程进度完成情况分析

1. 本周工程总体进度与甲方批准的最新的总体进度计划进行对比分析，明确关键线路上和甲方及各级主管部门目前关注的施工工序，说明这些工序的施工进度是否滞后、迟缓，分别找出进度迟缓、进度滞后的各项工作，明确进度滞后时间。

2. 说明工程进度滞后、迟缓的主要原因（主要写现实存在的、没有解决的问题）。

3. 说明目前该问题沟通解决的程度。

4. 说明工程进度是否可控。

5. 甲方对工程进度的意见与要求

五、本周发生的重大安全、质量事件：

六、目前在工程施工上与甲方之间存在的可能导致投诉事件发生的主要矛盾与纠纷，矛盾沟通解决的程度：

七、目前甲方资金状况、本月甲方付款情况及对工程进度的影响：

八、目前甲方要求的重要节点工期：

九、未来一周存在的高危风险源及防范措施（包括安全、质量及工期延误风险）：

十、反映工程施工进度的照片：

十一、甲方最近召开的工程例会纪要：

附表 8-4 完工情况报告

工程名称		项目经理	
工程地点		合同金额	
建设单位及地址		联系人及电话	
合同工期		延误时间	
计划开工日期		计划完工日期	
实际开工日期		实际完工日期	
完成合同内容情况总结：			
工程款支付情况：			
遗留问题及甲方要求：			
遗留问题解决时间及措施：			
负责人及联系电话：			
公司核实情况及要求：			
项目经理：		工程部经理：	
区域经理：		副总经理：	
总经理：			

第9章 质量管理

9.1 质量策划

(1) 项目经理部应组织相关人员根据工程承包合同、项目管理交底、项目管理目标责任书、项目策划书等法律文件和管理文件,编制工程质量管理策划书。其中,质量管理目标应符合工程承包合同约定;质量管理标准应按分部分项工程进行分类确认,并明确界定关键工序、特殊工序。施工主管组织填写"特殊过程(关键工序)界定表"(附表9-1)。

(2) 工程创优项目的工程质量策划书,应包括所创奖项的创优标准及管理办法、相关方资料收集工作计划、工程施工过程音像资料收集策划级分工,为实现过程创优奠定良好基础。

(3) 工程质量策划书由项目经理部编制,并经公司相关职能部门审核、技术负责人批准。

(4) 项目经理部应对工程质量策划书进行责任分解,并进行专项交底,确保施工全过程、全方位落实执行。

9.2 三检及工程首件验收制

(1) 项目安全质检员应根据项目质量策划书,以检验批种类为单元,对相关管理人员、操作人员进行安全交底及技术交底,明确施工工序、施工工艺、施工方法等,为确保检验批质量水准奠定基础。

(2) 项目经理部应建立工序签认制度,坚持挂牌明示制度。安全质检员组织落实"自检、互检、专检"三检制,如实填写"工序验收记录"(附表9-2),严格过程管理程序,确保三检过程落实到位。发现问题,及时纠正,严禁带入下道工序,并填写"产品过程检验单跟踪表"(附表9-3)。

(3) 项目经理部应建立工程首件验收制,以实现样板引路制。项目经理部施工主管应编制样板制作方案,明确样板制作内容、样板制作分工、样板制作工序、样板制作工艺、样板制作标准等,充分发挥样板引路的协调综合管理,确定工艺标准,明确施工方法,判断队伍能力,检验操作水平,测算用工用料,展现园林效果,现场实物交底等作用,为大面积施工规避质量通病,保证过程精品,奠定成功基础。

(4) 项目经理部安全质检员负责组织对样板的验收工作。发现质量缺陷必须进行及时纠正,质量缺陷消除前严禁大面积开始施工。

9.3　工程旁站

（1）项目施工主管应根据项目质量策划书界定的关键工序、特殊工序等重点、关键环节编制作业指导书，并经项目经理批准；对每一项关键工序或特殊工序确定旁站监督人，明确旁站监督频次及监督内容，确保施工过程监控到位，并如实填写"特殊过程/关键工序质量监测记录表"（附表9-4）。

（2）项目施工主管应在每一项关键工序或特殊工序在作业前对相关管理人员、操作人员进行交底，确保旁站监督到位，工序工艺正确，记录准确可追溯，质量一次达标。

（3）项目安全质检员负责对旁站监督过程的督办检查，旁站监督结束后24h内收集整理旁站监督记录资料，每月汇总旁站监督资料上报公司工程管理部。

（4）公司工程管理部建立每一工程旁站监督资料库，并存档保存；积极推广应用成功方法和经验，切实发挥指导和借鉴作用。

9.4　隐蔽施工及质量评定

（1）项目经理部安全质检员负责组织检验批验收和质量评定工作。隐蔽工程隐蔽前必须组织项目经理、施工主管、相关专业管理人员、作业队伍负责人会同监理人员进行验收，验收不合格严禁进入下道工序施工。

（2）项目经理部安全质检员应与技术负责人、专业技术主管、资料员共同确定检验批划分、检验批数量等，为分项工程、分部工程质量评定奠定基础。

（3）项目经理部安全质检员对检验批资料填写的规范性、全面性、针对性、真实性、及时性、可追溯性负责。

9.5　成品保护及工程创优

（1）项目经理部施工主管组织各专业策划编制成品、半成品保护措施，并安排到具体人员负责成品、半成品保护措施的实施；安全质检员对成品、半成品保护措施的实施情况进行督办检查，发现缺陷，责成整改完善。

（2）根据施工承包合同或项目施工策划书确定为创优的项目，项目经理部施工主管负责组织相关专业管理人员对创优管理办法、创优程序、项目质量策划书进行宣贯和业务学习，明确标准，全过程对标管理。

（3）项目经理部施工主管应根据创优管理办法、申报程序等，编制建设单位、监理单位、设计单位等相关方以及项目经理部各专业基础资料收集工作计划，分工到人，确保期到必成，资料齐全，满足优质工程申报、复查需求。

（4）项目经理部资料员应随着工程进度，及时收集、整理、分类归档高质量影像和文字资料，为成功创建优质工程奠定坚实基础。

9.6　质量事故报告及处置

（1）一旦发生工程质量突发事件，项目经理部应按照上报格式、上报时限等要求及时电话上报；并立即采取措施，有效防止事故蔓延、扩大，并采取现场保护措施。

（2）各区域工程管理部接到项目经理部突发事件汇报后，根据事故处理权限，上报公司及地方政府主管部门，并立即赴现场指挥项目经理部进行应急处置，防止事故蔓延、扩大。

（3）公司工程管理部接到事故单位报告后，立即启动应急救援预案，指导、协助事故单位及项目经理部进行应急处置工作。公司工程管理部立即组织成立专业小组，奔赴现场协助地方政府主管部门开展事故调查工作及全面组织应急处置、事故分析、善后处理等相关工作。

（4）政府主管部门事故调查报告形成后或公司内部调查报告形成后，公司安全质量委员会严格按照"四不放过"原则进行原因分析、责任追究，并采取相应措施，严防事故再次发生。

（5）一旦发生工程质量突发事件，项目经理部均要以电话、书面等形式报告上一级宣传部门，成立舆论应对工作组，指定专门的信息发布人，根据实际情况做好信息发布的各项工作，任何人不得随意接受新闻媒体的采访。突发事件处理过程中，要做好录音、录像、照相等取证工作，为化解负面舆情提供有力依据。

9.7　附表

附表9-1：特殊过程（关键工序）界定表。
附表9-2：工序验收记录。
附表9-3：产品过程检验单跟踪表。
附表9-4：特殊过程/关键工序质量监测记录表。

附表9-1　　　　　　　　　**特殊过程（关键工序）界定表**

工程名称：			日期：	
□特殊过程　□关键工序　名称：（例：干挂石材）				
界定的理由：施工工序复杂、质量要求高　审批人：_____		日期：　年　月　日		
因素	界定内容	界定依据		界定人
人员控制	界定操作者	证件号：_____		
		证件号：_____		
		经验1：（六年）		
		经验2：（项目经历）		
设备控制	需用设备、工具：切割机、检测器、红外线水准仪、钢卷尺、电焊机	设备状况：合格		
		设备状况：合格		
		手持电动工具状况：合格		

续表

因素	界定内容	界定依据	界定人
材料控制	主要材料： 例：8号槽钢、5号角钢、石材	材质证明1：厂商提供合格证明	
		验证依据1：真实有效的检测报告	
		材质证明2：厂商提供合格证明	
		验证依据2：真实有效的检测报告	
工艺控制	控制的过程参数（量化）： 例： 1. 立面垂直控制在2mm内 2. 表面平整度控制在2mm内 3. 接缝高低差控制在0.5mm内	理由1：2m直线检测尺	
		理由2：3m靠尺	
		理由3：拉5m线	
	施工规范（编号）： CJJ 82-2012	名称：园林绿化工程施工及验收规范	
	检验标准（编号）： GB 50300-2013	名称：建筑工程施工质量验收统一标准	
环境控制	保证质量的环境要求：保证质量环境要求，控制噪声，控制粉尘排放，同时保护现场卫生	理由1：（例：AB胶、云石胶粘结度）	
		理由2：（例：仿洞石砖，砖面多孔隙，要求施工现场粉尘少。切割砖时洒水处理）	
测量控制	配备检测设备：塞尺、钢直尺、2m靠尺、5m卷尺、15m线	设备精度：0.1mm	
		校验有效期：6个月	
		监测人：安全质检员	
		现场质量的监测周期：3个月	

附表9-2　　　　　　　　　　　　　工序验收记录表

工程名称：		日期：	
项目经理：		安全质检员：	
分项工程（交接/验收范围）：			
初验（及整改）意见：			
完成整改的期限：			
交付方：		接收方：	
施工员：　　　　　　安全质检员：		初查日期：　　年　月　日	
复查意见：			
交付方：		接收方：	
施工员：　　　　　　安全质检员：		复查日期：　　年　月　日	

说明：1. 同一部位有两个班组先后施工的，施工员、安全质检员应组织进行工序交接，执行后道工序负责制。
　　　2. 同一部位由同一个班组（大包班组）先后施工的，也应进行工序交接。
　　　3. 检查内容均要记录（必须手写），发现问题，应提出解决方案/建议，并规定完成整改的期限。
　　　4. 需要时，项目开工前、部分区域交付时，也可用此表，由其他单位/甲方作为交付/接收方认可。

附表 9-3　　　　　　　　　　　　　　　　　　**产品过程检验单跟踪表**

工程名称：　　　　　　　　　　　　　　　　　　　　　　　　　　　　　日期：

日期	产品检查单编号	检测部位	检测问题	检查人	限改期限	责任班组/班组长（签字）	整改情况	验证人	备注

说明：1. 本表为安全质检员在质量检查时所贴"产品过程检验单"进行记录、跟踪。

　　　2. 质量检查时所贴"产品过程检验单"必须进行编号，确保发现的问题必须解决。

　　　3. 被查出问题的班组长应在"责任班组/班组长"内签字，验证人为施工员/安全质检员，项目经理负责抽查。

　　　4. 主要记录工艺技术参数、施工规范的执行和过程控制的有效性的具体情况，应用数字量化。

附表 9-4　　　　　　　　　　**特殊过程/关键工序质量监测记录表**

工程名称：			日期：
日期	检测内容	检测情况（实施人）	验证情况（验证人）
项目经理		安全质检员/施工员	

说明：1. 本表作为"特殊过程/关键工序"的连续监测记录用。

2. 主要记录工艺技术参数、施工规范的执行和过程控制的有效性的具体情况，应用数字量化。

3. 实施人为操作的班组长，应签字确认，验证人为施工员/安全质检员，项目经理负责抽查。

第 10 章　职业健康安全与环境管理

10.1　安全管理

10.1.1　安全生产保障体系

（1）公司应严格按照《安全质量管理机构及专职人员配备管理办法》规定，设置独立的安全生产管理部门，配备充足专职管理人员；建立各级稽查队，切实履行稽查队伍职责，加强现场的安全质量、环保节能稽查考评工作。

（2）项目经理部应严格按照《安全质量管理机构及专职人员配备管理办法》规定，建立以项目经理为安全生产第一责任人的安全生产领导小组，严格履行职责，充分发挥项目经理部安全生产领导的责任。

（3）项目经理部必须与各协作队伍在签订承包合同的同时签订"安全、文明施工协议"（附表 10-1）、"保证人名单责任书"（附表 10-2）。

（4）项目经理部应严格岗位资格准入管理，特别是应加强项目经理部经理、安全管理"三类人员"、安全质检员、特殊工种等人员的资格证管理，确保人证合一、配置到位。

（5）项目经理部应认真学习公司、安全质量、环保节能主要管理制度；项目经理部安全质检员应根据《安全生产文明施工管理手册》等管理文件，结合现场实际，细化形成项目经理部有关安全生产的管理制度及办法。

（6）项目部安全生产管理制度及办法应经项目经理部评审，项目经理批准后实施。

（7）项目经理部安全生产管理制度及办法应有实施开始时间，并盖项目经理部印章。

10.1.2　安全生产策划

（1）项目经理部施工主管应组织相关人员根据实施阶段施工组织设计，编制安全生产管理策划书，内容应包括但不仅限于工程概况、编制依据、安全管理目标、保证体系、机构设置、人员配备、重大风险及控制措施清单（填写附表 10-3）、危险性较大分部分项工程分析、管控红线、安全教育、安全交底、安全检查、特殊工种配备、标准化设施推广应用、安全费用投入、文明工地建设等，力求全面策划，具有针对性和可操作性。

（2）项目部安全生产管理策划书应经公司职能部门审核，公司技术负责人批准。

（3）项目经理部应对安全生产策划书进行责任分解，并进行专项交底，确保施工全过程、全方位落实执行。

10.1.3　安全教育

（1）项目经理部安全质检员应督促项目经理严格落实《安全生产教育培训制度》各项

规定，并积极协助开展安全生产教育培训活动，填写"三级安全教育卡"（附表 10-4），并做到安全教育培训考核覆盖全员、分工种进行。教育培训课时应符合有关规定。项目经理部应建立全员教育培训考核档案，保存被教育人的签字记录。

（2）项目经理部安全教育培训考核工作应本着"先培训、后上岗"从业原则，从业人员必须经安全教育培训、考核合格后方可上岗作业。

（3）项目经理部安全教育培训可根据实际采用多种不同形式，如入场教育、安全会议、安全培训班、安全技术交底、观看录像片、事故现场会、安全文明工地现场会、举办安全知识竞赛、板报、墙报等。

（4）项目经理部安全教育培训的内容应包括：国家和地方有关安全生产的方针、政策、法律、标准、规范、规程；企业的安全管理体系、规章制度、操作规程；工程项目安全管理体系及制度，施工现场环境、工程施工特点及可能存在的不安全因素；本工种的安全生产知识、操作技能和规程、事故案例剖析、劳动纪律和岗位讲评等。

（5）项目经理部安全教育培训应注重在季节变化、节假日前后、人员转岗转序特殊时间段开展有针对性的安全教育与培训。

（6）项目经理部应充分利用分部、分项工程施工前对作业班组进行安全技术交底的时机有针对性开展安全教育及培训。详见"安全、环保交底表"（附表 10-15）

（7）项目经理部安全质检员应监督落实作业人员每天上岗前的岗位安全教育培训，提升岗位作业安全水平。

10.1.4　安全防护

（1）项目经理部经理应严格落实安全生产管理策划内容，并严格落实《安全生产、文明施工管理手册》，提升"四口"、"五临边"、施工用电、施工机械安全管理及现场防护水平。项目进场后须编制"文明施工管理方案"（附表 10-7），作为项目策划组卷文件，由公司工程管理部审批后执行。

（2）项目经理部施工主管应编制专项冬期施工、雨期施工、消防设计等方案，编制专项应急救援预案，填写"应急响应预案"（附表 10-5）。项目经理部安全质检员应监控方案的编制、物资准备、措施落实等工作，并共同开展经常性检查工作，填写"应急预案测试记录"（附表 10-6）。

（3）项目经理部应集中购买或监督协作队伍购买合格的个人安全防护用品，应加强个人防护用品购买、检测、发放管理工作；安全质检员负责现场作业人员个人防护用品的配备及正确使用情况的监督检查和整改落实。

10.1.5　安全验收与检查

（1）项目部做好各项安全验收工作，如临电（附表 10-9、附表 10-10）、施工用电（附表 10-11）、机具（附表 10-12）、脚手架（附表 10-13）。

（2）公司工程管理部督促项目经理开展项目综合安全大检查工作，特别是根据项目经理部管理实际，认真开展好专业专项检查、停复工和节假日前后特殊时间段检查、季节变换特殊气候条件下的检查等。工程部负责对检查出的安全、质量、环保、节能等方面的问题按照"定整改责任人，定整改措施，定整改完成时间，定整改金，定整改验收人"的

"五定"原则，下发整改通知单，并督办、验收整改落实工作。

（3）项目经理部安全质检员组织开展项目日常检查，并在安全生产例会上进行通报；对整改不彻底或拒不整改的，有权按规定进行处罚；对重大安全质量管理隐患有停工权，并向项目经理汇报；对项目经理部施工现场存在的重大管理隐患有越级上报权。项目部针对现场发现的安全和环保隐患，及时填写"安全、环保交底表"（附表 10-15）。

（4）项目经理部安全质检员应经常性对安全方案、技术交底、设备运转、施工用电、消防治安、节能环保、安全操作等方面进行检查和巡视，发现问题，必须按照前述"五定"原则下发整改通知单，并督办、验收整改落实工作。详见"消防管理方案"（附表 10-18）。

（5）施工用电、机械设备、消防治安等专业人员应做好日常巡视检查工作，发现问题立即整改，并做好相关记录，并填写"安全防护管理方案"（附表 10-11）、"三级动火证"（附表 10-21）。

10.1.6　应急救援

（1）公司、各区域工程管理部、项目经理部应严格落实《施工生产安全事故应急救援预案》，形成上下联动应急救援体制，确保快速反应，响应及时，应对全面，救援有效。

（2）应根据本部门工程项目分布、工程类别等情况，细化形成本部门应急救援预案，并加强应急救援队伍建设，开展应急救援演练，确保应急救援及时、有序、全面、有效。

（3）项目经理部应根据本项目施工内容、地处环境、社会环境等因素，编制项目经理部综合应急预案；应根据危险性较大分部分项工程施工内容，结合专项施工方案，编制专项应急救援预案。项目经理部对综合应急救援预案、专项应急救援预案应定期进行评审和修订。

（4）项目经理部应按照"充足配置、按需所供"原则，对综合应急救援预案、专项应急救援预案所需用的设备、器械、人员、物资、财力等进行配置，确保配备到位。

（5）项目经理部应建立应急救援队伍，定期开展应急救援演练，做好应急演练记录及评估报告；通过演练，发现问题，立即纠正和补充完善应急救援预案。

（6）项目经理部应设置温馨提示应急救援电话，一旦发生突发事件，确保人员得到最快、最好救治，最大限度降低财产损失和社会影响。

10.1.7　安全事故报告及处理

（1）一旦发生安全生产突发事件，项目经理部按照上报格式、上报时限等要求及时电话上报；并立即启动应急救援预案，立即展开应急救援行动，积极采取应急措施，在迅速救治人员的同时，有效防止事故蔓延、扩大，并采取现场保护措施。

（2）各区域工程管理部接到项目经理部突发事件汇报后，根据事故处理权限，要求上报公司及地方政府主管部门，并立即启动应急救援预案，赴现场指挥项目经理部进行应急处置。

（3）公司工程管理部接到事故单位报告后，立即启动应急救援预案，指导协助事故单位及项目经理部进行应急救援及应急处置工作，公司工程管理部立即组织成立专业小组，奔赴现场协助地方政府主管部门开展事故调查工作及全面组织应急救援、事故分析、善后处理等相关工作。

（4）政府主管部门事故调查报告形成后或公司内部调查报告形成后，公司安全质量委员会严格按照"四不放过"原则进行原因分析、责任追究，并采取相应措施，严防事故再次发生。

（5）项目一旦发生安全生产突发事件，项目经理部均要以电话、书面等形式报告上一级宣传部门，成立舆论应对工作组，指定专门的信息发布人，根据实际情况做好信息发布的各项工作，任何人不得随意接受新闻媒体的采访。突发事件处理过程中，要做好录音、录像、照相等取证工作，为化解负面舆情提供有力依据。

10.1.8　"安全标准工地" 创建、 申报

（1）公司、各区域工程管理部、项目经理部应大力开展各层面安全文明工地建设活动，认真学习创建安全文明工地标准文件，细化过程管理标准，努力实现过程创优；深入了解和掌握安全文明工地建设程序，确保初期申报到位，过程控制到位，迎检工作到位，信息跟踪到位，力求创建成功。

（2）公司及各区域工程管理部、项目经理部共同做好申报工程所在地"安全标准工地"申报工作。

（3）公司职能部门应加强对文明工地建设的指导服务、监督检查，实现过程创优，以创建文明工地为载体，全面提升施工现场安全管理水平。

（4）项目经理部应大力开展创建安全文明工地建设活动，加强安全管理策划，强化过程落实，并以此为契机，在全过程、全方位提升安全管理水平的同时，充分发挥"企业窗口形象"作用，为企业创建和储备更多、更好优质资源。

10.2　环境职业健康卫生管理体系

10.2.1　环境管理

（1）工程开工前，项目经理部应严格按照《安全质量职业健康三位一体程序文件汇编》中"环境因素辨识、评价与控制程序"进行施工现场及四周环境因素辨识、评价工作，对重要环境因素进行登记建档，认真填写"重大环境因素及控制清单措施"（附表10-12）。

（2）项目经理部施工主管根据重要环境因素登记表，组织项目经理部相关专业人员逐项编制控制措施及专项应急预案，形成项目文件。相关专业人员负责控制措施的实施，项目经理部安全质检员负责督办检查控制措施的落实情况，发现问题，及时反馈并督办相关专业人员进行整改落实。项目经理部环境保护专管人员遇有严重管理隐患，有停工权和越级上报权。

（3）项目经理部应按照应急预案的策划，配备充足应急材料和设备，由项目专管人员负责日常管理。

（4）项目经理部应建立环境保护应急队伍，根据项目施工情况，定期和不定期开展应急演练活动，并对应急演练成效进行评价，发现问题，及时改进。

（5）项目经理部应根据工程地处环境，对风景区、饮用水控制区、自然保护区、水库等特殊施工环境编制"污水管理方案"（附表10-13），同时编制专项水土保持、环境保护方案，并严格落实，确保环境保护到位。

10.2.2 职业健康卫生管理

(1)项目经理部施工主管应根据项目施工内容，组织相关职能部门从生产性粉尘的危害、缺氧和一氧化碳的危害、有机溶剂的危害、焊接作业产生的金属烟雾危害、生产性噪声和局部震动危害、高温作业危害、长期超时超强度地工作等方面梳理可能发生职业病危害的作业场所、作业工序、作业人员、危害因素等，并结合《职业病预防措施》，逐条编制专项职业病危害控制措施，并按专业分工到人；各专业人员负责职业病危害控制措施的实施。项目经理部安全质检员负责督办检查措施的落实情况，做好诸如"场界内噪声测量"（附表 10-14）的影响因素；发现问题，及时反馈至相关专业人员进行整改落实；安全质检员遇有严重管理隐患，有停工权和越级上报权。项目部针对现场生产垃圾和剩余材料，应及时清理并清运出施工场地，详见"废弃物清运协议"（附表 10-19）。

(2)项目经理部应将排查出的职业病危害因素登记建档，并按规定向当地职业卫生管理部门和公司职业健康卫生管理职能部门报告；随着施工进展，职业病危害因素消除后应及时向当地职业卫生管理部门申请注销，并向公司职业健康卫生管理职能部门报告。

(3)项目经理部安全质检员与项目经理共同动态确认可能接触职业病危害因素的作业人员；根据确定的人员做好进场、退场健康体检，并建立健康体检档案。

(4)项目经理部组织健康体检过程中，发现异常，立即向项目经理汇报。进场体检时发现异常的人员严禁进场，退场体检时发现异常的人员，应追溯问源，掌握异常产生的时间、场所、作业种类等情况，制定相应措施，防止此类危害再次发生，并配合医疗部门进行治疗。

10.3 附表

附表 10-1：安全、文明施工协议。
附表 10-2：保证人名单责任书。
附表 10-3：重大风险及控制措施清单。
附表 10-4：三级安全教育卡。
附表 10-5：应急响应预案。
附表 10-6：应急预案测试记录。
附表 10-7：文明施工管理方案。
附表 10-8：临时用电验收记录。
附表 10-9：机具验收记录。
附表 10-10：漏电保护器试跳记录。
附表 10-11：安全防护管理方案。
附表 10-12：重大环境因素及控制措施清单。
附表 10-13：污水管理方案。
附表 10-14：场界内噪声测量。
附表 10-15：安全、环保交底表。
附表 10-16：临时用电协议。
附表 10-17：施工用电管理方案。

附表 10-18：消防管理方案。

附表 10-19：废弃物清运协议。

附表 10-20：安全、环保控制记录。

附表 10-21：三级动火证。

附表 10-1　　　　　　　　　　　**安全、文明施工协议**

工程名称			日期	
施工员			安全员	
甲方			乙方	

文明施工：

1. 乙方必须保证工人工资每月按规定定期足额发放到每一工人手中，如出现工人因工资问题闹事，甲方有权从剩余工程款中直接支付，作为处罚，甲方将不再与乙方结算支付工人工资后剩余的工程款。

2. 乙方必须遵守公司"日常奖罚制度"及"质量奖罚制度"。

3. 乙方在工地严禁吸烟，严禁随地大小便，上班须带胸卡，穿工作服。

4. 乙方必须确保施工质量，按进度施工，按期竣工，不得拖延工期，如发生质量问题或拖延工期所造成的损失，由乙方承担。

5. 乙方领用拖线、电箱、铁梯等必须在仓库办理手续，并与完工后归还仓库。如发生所借工具丢失，由乙方负责赔偿。

6. 各工种在施工中产生的垃圾，必须自己及时清理（用蛇皮袋装好）一日二次，保持场地整洁，加工好的半成品、成品及剩余材料堆放整齐并及时做好成品保护。

7. 在施工过程中，乙方与其它工程应相互配合，互相协调，发生矛盾应通过工地管理人员协商解决，不得吵架、斗殴，影响施工。

8. 乙方必须教育下属施工人员安全施工、规范施工。如下属人员发生安全事故，及时报告项目部，维护好现场，采取急救措施，根据事故、事件的责任大小，承担相应的损失，甲方尽量改善安全施工的外部条件。

9. 严禁乙方下属施工人员擅自启动与本工种无关的电动工具，否则按有关规定处理，造成的伤、残、危害，由乙方负全部责任。

10. 乙方在施工过程中，不得擅自离岗，病、事假应经由工地负责人同意后方可离岗。

11. 乙方应注意施工安全。

12. 安全用电，严格遵守用电规范，未经触保器的拖线板，一律不得使用。

13. 凡需电焊、气割的动火作业，必须得到工地负责人的同意并办好动火证，配备灭火器，有监护人，清理周围可燃物后方可施工。

14. 在悬空交叉作业时，离地超过 2m 者，上层人员带安全带，工地施工人员应带安全帽，帽带扣紧。

15. 特殊工种必须持证上岗、严格按规范操作。

16. 凡进入公司工作人员必须凭本人的身份证到工地安全员处登记注册，经领导批准，签订本合同后方可进入工地施工。

17. 项目维修由甲方安排，材料、人工由乙方全部负责。

18. 同一班组中被甲方要求辞退的工人，不得在分公司工作，经发现将处以 100 元以上罚款。不得无故无理闹事，按治安条例处理。

19. 仓库领用材料由乙方指定专人按公司规定定时领取，其他人一律不得进入仓库。

安全：

1. 有高血压、恐高症、肝炎等等疾病的施工人员，由乙方在人员引进时严格把关处理。

2. 严格遵守安全生产法律、法规、制度和安全纪律。

3. 乙方在施工过程中，对各工种原材料应充分利用，做到物尽其用。临时油漆仓库配备灭火器及黄沙桶。每天领用的油漆等成品材料必须全部归库加盖、严防火种、保持场地整洁。

4. 乙方上、下班时间必须经施工员同意，工地施工员要求加班，无正当理由不得拒绝。

5. 气管及移动行灯、拖线按照工地要求能固定的必须固定，不能固定的必须排列整齐（靠墙）。

6. 乙方应为下属施工人员购买必要的保险，工人的医疗费一律由乙方自理。

7. 施工工地和宿舍严禁留宿他人，乙方应搞好宿舍卫生。

8. 乙方通过工地信箱向项目经理及公司建议、反映情况。

9. 施工人员工资每月造表由乙方领取发放。作业班组长拖欠工人工资由自己负责，工人不得到公司闹事，如有发生，将严肃处理。

10. 乙方必须遵守公司"日常奖罚制度"及"质量奖罚制度"。

11. 乙方仓库管理必须满足甲方的要求，并服从甲方管理。

　1. 班组进场后应及时签定此协议，协议内容要进行考核。

　2. 附：保证人员名单。

附表 10-2　　　　　　　　　保证人名单责任书

工程名称：　　　　　　　　　　　　　　　　　　　　　　　　　日期：

序号	部门	项目名称	班组名称	姓名	性别	年龄	工种	进出场时间	身份证	联系方式	直系亲属	家庭住址	身体状况	备注

1. 按作业班组填写，组长（带班）填第一行，保证人应为年满 18 周岁的成年人，慎用未成年工和女工。
2. 本单必须由本人填写，有"三级教育卡"/"身份证复印件"的可简写。
3. 有高血压、恐高症、肝炎等病史的应慎用，并在备注栏中注明。

附表 10-3　　　　　　　　　　　重大风险及控制措施清单

工程名称：　　　　　　　　　　　地址：　　　　　　　　　　日期：　　　年　月　日

作业活动	序号	危险源	危险源分类	可能导致的事故	危险级别	管理方式	危险顺序
安全管理	1	未使用或不正确使用防护用品	违章作业	坠落/伤害/触电等	重大	执行程序文件的规定，安全员做好发放记录和日常检查	5
	2	特种作业无证操作	违章作业违章指挥	起重伤害/触电等	重大	执行安全管理策划规定，确定特种作业人员，安全员负责验证，杜绝无证人员从事特种作业；管理人员按章指挥	4
施工用电	5	未达到三级配电、两级保护	管理缺陷	触电	重大	执行 JGJ 46—2005，编制"施工用电管理方案"：总容量 50KW 及以上的编制"用电组织设计"；总容量在 50KW 以下的编制"安全用电措施"	2
焊接作业	6	在易燃易爆物品上方、周围违章焊割作业，焊渣引燃明火或爆炸	违章作业	火灾、爆炸	重大	执行程序文件的规定；编制"消防管理方案"、"应急预案"	3
危险品使用和存储	7	化学危险品未按规定使用、存放（如易燃性涂料未分开存放）	违章作业	火灾/爆炸	重大	执行程序文件的规定，安全员负责危险品的贮存和使用的管理	6
生活区	8	变质食品	管理缺陷	食物中毒/	重大	执行"食堂卫生许可证"和"炊事人员健康证"两证制度	8

判别依据：①不符合法律法规及其他要求；②曾发生过事故，仍未采取有效控制措施；③相关方合理抱怨或要求；④直接观察到的危险；⑤LEC 定量评价法

编制：安全员　　　　　安全员（员工代表）：　　　审核人：项目经理　　　审批人：公司安全负责人

1. 本表由安全员根据公司重大风险及控制措施清单、结合现场情况编制后，在项目开工后 15 日内报分公司安全经理审核、项目经理审批，及时上传"项目动态管理"。
2. 公司重大风险及控制措施清单中列入的"重大危险源"、且现场有这项活动的，必须列为项目部的"重大危险源"，"管理方式"项目部可以自行制定。
3. 作为一个完整的策划，本表的附件应包括："公司重大风险及控制措施清单"、项目部制定的各项"管理方案"、"应急预案"和增加的"专项安全方案"。

附表 10-4　　　　　　　　　　　**三级安全教育卡**

工程名称：			日期：	
姓　　名：_____ 文化程度：_____ 工　　种　_____ 进入本项目 日　　期：_____ 带 班 人：_____			身份证复印件粘贴处	

三级安全教育内容		教育人	受教育人
公司 教育	进行安全基本知识、法规、法制教育，主要内容是： 1. 党和国家的安全生产方针、政策； 2. 安全生产法规，标准和法制观念； 3. 本单位施工过程及安全生产规章制度，安全纪律； 4. 本单位安全生产形势、曾发生的重大事故及应吸取的教训； 5. 发生事故后如何抢救伤员，排险，保护现场和及时报告	签名 分公司或 区域主管	签名 工人 20 学时
			年　月　日
项目 部教 育	进行现场规章制度和遵章守纪教育，主要内容是： 1. 本单位施工特点及施工安全基本知识； 2. 本单位安全生产制度、规定及安全注意事项； 3. 本工种的安全技术操作规程； 4. 高处作业、机械设备、电气安全基础知识； 5. 防火、防毒、防尘、防暴知识及紧急情况安全处置和安全疏散知识； 6. 防护用品发放标准及防护用品、用具的基本知识	签名 项目经理	签名 工人 20 学时
			年　月　日
班组 教育	进行本工种岗位安全操作及班组安全纪律教育，主要内容是： 1. 本班组作业特点及安全操作规程； 2. 班组安全活动制度及纪律； 3. 爱护和正确使用安全防护装置（设施）及个人劳动防护用品； 4. 本岗位易发生事故的不安全因素及其防范对策； 5. 本岗位的作业环境及使用的机械设备、工具的安全要求	签名 带班长	签名 工人 20 学时
			年　月　日

1. 本卡可由区域建立，职工流动到项目部，卡随人走。
2. 将身份证直接复印到打印好的表单上，照片和有关内容不清楚的应重新拍摄和填写。
3. "受教育人"均为职工本人，公司教育由区域组织进行。

附表 10-5　　　　　　　　　　　　　　应急响应预案

工程名称		日期	
项目经理		安全员	

1. 目的

　　预防或减少潜在施工安全事故或紧急情况对施工安全、周边环境造成的影响，对可能出现的火灾、爆炸及油品、化学品等危险品泄漏、上、下水及污水管道的破裂等重大环境危害的紧急情况进行预防和控制，保证人员安全、尽量避免、减少人员伤亡、对环境的影响和财产的损失。

2. 适用范围：＿＿＿＿＿＿＿项目

3. 引用相关文件

　　《建筑业安全卫生公约》（中译本）第 167 号公约

　　《中华人民共和国安全建筑法》　　　　　　　　　　　　　　　　　　1998.3.1.

　　《中华人民共和国安全生产法》　　　　　　　　　　　　　　　　　　2002.11.1

　　《中华人民共和国安全消防法》　　　　　　　　　　　　　　　　　　1998.9.1

　　《建设工程安全生产管理条例》　　　　　　　　　　　　　　　　　　2004.2.1

　　《重大危险源辨识》　　　　　　　GB 18218—2000　　　　　　　　　2001.6.1

　　《易燃易爆化学品消防安全监督管理办法》　　公安部令 18 号　　　　　1994.5.1

　　《应急预案编制导则》492 号令

4. 应急准备管理体系

4.1　公司成立应急领导小组：

　　（1）公司应急领导小组组长：分管工程管理副总：＿＿＿＿＿＿　　　电话：＿＿＿＿＿

　　　　　公司应急领导小组副组长：＿＿＿＿＿区域经理：＿＿＿＿＿　　电话：＿＿＿＿＿

　　（2）组员：区域工管人员＿＿＿＿＿电话：＿＿＿＿＿

　　　　　　　　　　　　　　电话：＿＿＿＿＿

　　（3）办公地点：＿＿＿＿＿＿＿＿　　　　　　　　电话：＿＿＿＿＿传真：＿＿＿＿＿

　　（4）区域办公地点：＿＿＿＿＿＿＿　　　　　　　电话：＿＿＿＿＿传真：＿＿＿＿＿

4.2　项目成立应急准备小组：

　　（1）项目部应急小组组长：项目经理＿＿＿＿＿电话：＿＿＿＿＿

　　（2）小组成员：管理人员：＿＿＿＿＿电话：＿＿＿＿＿；＿＿＿＿＿电话：＿＿＿＿＿；

　　　　　　　　　＿＿＿＿＿电话：＿＿＿＿＿；＿＿＿＿＿电话：＿＿＿＿＿；

　　　　　各作业班组组长：＿＿＿＿＿电话：＿＿＿＿＿；＿＿＿＿＿电话：＿＿＿＿＿；

　　　　　　　　　＿＿＿＿＿电话：＿＿＿＿＿；＿＿＿＿＿电话：＿＿＿＿＿；

　　　　　电工、材料员：＿＿＿＿＿电话：＿＿＿＿＿；

　　　　　　　　　＿＿＿＿＿电话：＿＿＿＿＿

　　（3）现场办公地点：＿＿＿＿＿＿＿＿　　　电话：＿＿＿＿＿＿　　　传真：＿＿＿＿＿

4.3　安全事故/紧急情况发生后项目应急小组的具体分工如下：

　　（1）＿＿＿＿＿（项目经理）负责现场，其任务是了解掌握事故情况，负责现场抢救指挥。

　　（2）＿＿＿＿＿（施工员）负责联络，任务是及时组织现场抢救，保持与当地建设行政主管部门、劳动部门等单位的沟通，并及时通知公司应急领导小组和当事人的亲人。

　　（3）＿＿＿＿＿（安全员）负责维持和保护事故现场（以原因分析）、做好问讯记录，保持与公安部门的沟通。

　　（4）＿＿＿、＿＿＿（班组长、带班人）负责接待家属和妥善处理好善后工作。

4.4　应急指挥流程图

5. 应急准备

5.1　应急准备工具

5.1.1　应急工具：防火、防爆、防泄漏工具：灭火器、水桶、铁锹、黄沙桶等，放置在现场规定地点。

5.1.2　急救用具：担架、医药箱（内备：止血绷带、急救药品等）管钳、防毒面罩，放置在普通材料仓库。

5.2　应急准备培训：

5.2.1　培训教育的内容

　　（1）对应急小组人员进行岗位职责的分工和教育；

　　（2）对疏散、救护人员消防知识和能力的教育；

　　（3）对抢救摔伤人员应知知识和能力的教育；

　　（4）对紧急切断电源、抢救触电人员知识和能力的教育；

　　（5）对控制机械事故伤害，排除机械设备危害、防止机械事故继续扩大教育。

5.2.2　安全员做好培训教育的实施和记录。

　　（1）由安全员组织建立一支义务消防队，根据《应急准备和响应程序》组织义务消防演习，检验应急准备工作的充分性，并保持演习的记录。

续表

工程名称		日期	
项目经理		安全质检员	

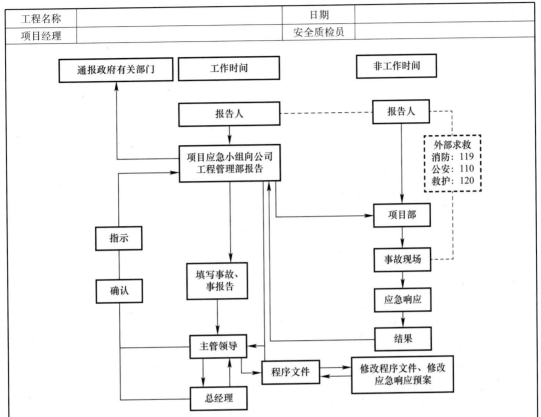

注："------"表示非必须程序

　　在各班组的安全环保交底中将工序涉及的危险源、预防措施、发生事故后避难和急救措施作交代。

6. 应急响应

6.1　一般（发生人身伤害或直接损失2万元以下）事故的应急响应

6.1.1　当一般事故/紧急情况发生后，当事人或发现人立即向项目经理汇报，并由应急小组组织采取应急措施，防止事态扩大，确保在非常情况的应急措施结束后危害不再扩大。

6.1.2　现场经理组织应急小组成员对事故进行分析和处理，执行公司《应急准备和响应程序》。

6.2　重大（发生死亡或直接损失2万元及以上）事故的应急响应

6.2.1　重大施工安全事故发生后，当事人或发现人，立即向应急小组组长报告，在组长的统一指挥下同时采取应急措施，保护人员的安全和健康，阻止事态的继续和扩大，减少财产损失和环境影响。

6.2.2　项目经理部组织应急小组人员对事故按应急程序进行处理，并立即报告主管工程管理的副总经理。应急领导小组相关成员立即到现场协助调查，执行公司《应急准备和响应程序》。

6.3　应急报警和报告。

6.3.1　向内部报警，简述：出事地点、事态状况、报警人姓名，联系电话。

6.3.2　向外部报警，详细准确报告：出事地点、单位、电话、事态状况及报警人姓名、单位、地址、电话。发生火灾等紧急请况时还要派人到主要路口迎接消防车和急救车。

6.3.3　上报：紧急事故结束后，事故发生所在项目的负责人，应在24h内填写"事故、事件报告书"，一式两份，自留一份，一份报送工程管理公司，执行公司《应急准备和响应程序》。

7　安全事故及环境紧急情况的应急响应措施：

7.1　应急措施的一般规定：

7.1.1　可能发生的安全事故/紧急情况有：高处坠落/物体打击、触电事故、火灾（爆炸）和机械伤害等其他事故。

7.1.2　各种事故的报告、调查、处理在调查和审查事故情况报告出来以后，应做出有关处理决定，重新落实防范措施，并报公司应急领导小组和上级主管部门，执行公司《应急准备和响应程序》。

7.2　高处坠落/物体打击的应急措施：

7.2.1　不论任何人，一旦发现有人从高处坠落或遭受物体打击、应立即大声呼救，报告责任人（项目经理或管理人员）。

工程名称		日期	
项目经理		安全质检员	

7.2.2　项目管理人员获得求救信息并确认高处坠落或遭受物体打击的事故发生以后，应：

(1) 立即组织项目职工自我救护队伍进行施救，本项目部急救药箱存放在仓库；

(2) 分清可能造成的伤害部位：颅脑损伤、胸部创伤（如肋骨骨折）、胸腔储器损伤、腹部创伤等。

7.2.3　急救时应注意保护摔伤及骨折部位：

(1) 避免因不正确的抬运使骨折错位造成二次伤害；

(2) 若有人员昏迷或受伤较严重时，拨打急救电话"120"或送医院救治，派人到主要路口迎接急救车；

(3) 送医院途中不要乱转病人的头部，应该将病人的头部略抬高一些，昏迷病人还应采取侧卧位，防止呕吐物吸入肺内。

7.3　脚手架坍塌事故的应急措施

7.3.1　不论任何人，一旦发现有脚手架、操作平台等施工设施坍塌的可能性，应立即呼叫在场全体人员进行避让。

7.3.2　现场人员应迅速通知项目经理或施工员，请求项目应急小组的支援，并打电话及时向公司应急领导小组领导报告事故的发生情况。

7.3.3　若有人员昏迷或受伤较严重时，拨打急救电话"120"或送医院救治，派人到主要路口迎接急救车。

7.3.4　现场急救人员在急救车到来以前，应对受伤人员进行急救。本项目部急救药箱存放在仓库。

7.3.5　在没有人员受伤的情况下，现场负责人应根据实际情况研究补救措施，在确保人员生命安全的前提下，组织恢复正常施工秩序。

7.4　触电事故的应急措施

7.4.1　有人触电时，抢救者首先要立刻断开电源（拉闸、拔插头）：

(1) 如触电距开关太远，用电工绝缘钳或干燥木柄铁锹、斧子等切断电线/断开电源；

(2) 用绝缘物如木板、木棍等不导电材料拉开触电者或者挑开电线，使之脱离电源；

(3) 切忌直接用手或金属材料直接去拉电线和触电的人，以防止解救的人同时触电。

7.4.2　触电人脱离电源后：

(1) 如果触电人神志清醒，但有些心慌、四肢麻木、全身无力，或者触电人在触电过程中曾一度昏迷，但已清醒过来，应使触电人安静休息，不要走动，严密观察，必要时送医院诊治；

(2) 如果触电人已失去知觉，但心脏还在跳动，还有呼吸，应使触电人在空气清新的地方舒适、安静地平躺，解开妨碍呼吸的衣扣、腰带，若天气寒冷要注意保持体温，并迅速请医生（或打120）到现场诊治；

(3) 如果人已失去知觉、呼吸停止，但心脏还在跳动，尽快把他仰面放平进行人工呼吸；

(4) 如果触电人呼吸和心脏跳动完全停止，应立即进行人工呼吸和心脏胸外按压急救。

7.4.3　在拨打电话"120"的同时派人到主要路口迎接急救车。

7.5　火灾（爆炸）的应急措施

7.5.1　立即报警。当接到施工现场火灾发生信息后，项目应急小组立即拨打"119"火警电话，派人到主要路口迎接消防车和急救车，同时报告公司应急领导小组。

7.5.2　组织自救。项目应急小组应立即组织义务消防队员和员工进行扑灭火灾：

(1) 按照"先控制、后灭火"，救人重于救火；先重点、后一般"的灭火战术原则；

(2) 派人及时切断电源，接通消防水泵电源，组织抢救伤亡人员；

(3) 隔离火灾危险源和重点物资，充分利用施工现场中的消防设施器材进行灭火；

(4) 迅速转移氧气、乙炔瓶到安全地带；

(5) 自救时控制火势蔓延的方法：

建筑物起火，一端向另一端蔓延，应从中间控制；

中间着火，两侧控制；

楼层着火，上下控制，以上层为主。

7.5.3　协助消防队灭火。在自救的基础上，当专业消防队到达火灾现场后，火灾事故应急小组要简要地向消防队负责人说明火灾情况，并全力支持消防队员灭火，要听从专业消防队的指挥，齐心协力，共同灭火。

7.5.4　发生爆炸爆燃事故后：

(1) 要迅速将烧伤人员脱离火源，剪掉着火衣服，采取有效措施，防止伤员休克、窒息、创面污染；

(2) 必要时可用止痛剂，喝淡盐水。在现场除化学烧伤，对创面一般不做处理，有水疱一般不要弄破，用洁净衣服覆盖，把重伤员及时送医院救治。

7.5.5　现场保护。当火灾发生的扑救完毕后：

(1) 指挥小组要派人保护好现场，维护好现场秩序，等待对事故原因及责任人的调查；

(2) 同时应立即采取善后工作，及时清理，将火灾造成的垃圾分类处理并采取其他有效措施，将火灾事故对环境造成的污染能降低到最低限度。

7.6　机械伤害事故的应急措施：

7.6.1　当发生断手（足）、断指（趾）的严重情况时：

续表

工程名称		日期	
项目经理		安全质检员	

(1) 现场要对伤口包扎止血、止痛、进行半握拳状的功能固定；

(2) 将断手（足）、断指（趾）用消毒和清洁的敷料包好，切忌将断指（趾）浸入酒精等消毒液中，以防细胞变质。

(3) 然后将包好的断手（足）、断指（趾）放在无泄漏的塑料袋内，扎紧袋口，在袋周围放些冰块，或用冰棍代替（切忌将断手（足）、断指（趾）直接放入冰水中浸泡），速随伤者送医院抢救。

7.6.2 当发生头皮撕裂伤时，必须及时对受伤者进行抢救，采取止痛及其他对症措施：

(1) 用生理盐水冲洗有伤部位涂红汞后用消毒大纱布块、消毒棉花紧紧包扎，压迫止血；

(2) 同时打 120 或者送医院进治疗。

7.7 由化学品危险品造成身体伤害的应急措施：

7.7.1 当发生酸碱（硫酸、盐酸、硝酸、氢氧化钠、氢氧化钾、石灰、氨水等）烧伤眼睛时：

(1) 烧伤后冲洗患眼是最迫切有效的急救方法；

(2) 酸碱烧伤后必须立即用清水冲洗眼睛 15 分钟；

(3) 如现场无清水可用，池塘水、沟水、井水均可。无人协助的情况下，可倒一盆水，双眼浸入水中，用手分开眼睑，做睁眼、闭眼、转动眼球动作，一般冲洗 30 分钟。

7.7.2 若眼睛被柴油、煤油、汽油、热油、蒸汽等烧伤，立即送伤者到附近医院急救。

7.8 食物中毒的应急措施：

7.8.1 亚硝酸盐常作为工业用防冻剂，在建筑施工中常见，施工现场要加强亚硝酸盐的保管，警惕误食亚硝酸盐中毒，并注意：

(1) 不吃腐烂变质的蔬菜瓜果和未腌透的咸菜；

(2) 不用温锅水和枯井水煮粥、做饭。

7.8.2 发现饭后多人（3人以上）有呕吐、腹泻、头昏、心悸等不正常症状时：

(1) 要让病人大量饮水，刺激喉部使其呕吐，立即送往医院；

(2) 及时向当地卫生防疫部门报告，并保留剩余食品以备检验。

7.9 油料及化学品泄漏的应急措施：

7.9.1 当发生汽油、柴油等油料以及各类化学危险品泄漏时及时清理干净被污染场所。

7.9.2 油品及化学品在采购、运输、储存、发放中发生的泄漏由材料采购人员负责清理。

7.9.3 机械设备在使用过程当中发生的泄漏由使用的班组负责清理。

7.10 在重大节日、大型活动发生意外情况的应急措施：

7.10.1 必要时与辖区公安机关取得联系，视活动的项目、内容、周围的社区治安状况，配备警卫人员维护活动现场。

7.10.2 限制参加活动人员的活动范围、活动的场所，设治安防范、防火、防爆标识牌。

7.10.3 有条件可设专用安全通道、吸烟室，严禁燃放烟花爆竹。

7.11 上、下水管道及污水管道破裂的应急准措施：

7.11.1 一旦发生泄漏，应及时关闭上流总阀门，并派专人负责上、下水管道的检查与维修，排除事故隐患。同时对泄漏水进行疏导进入其他排水管道，同时应急人员对泄露管道进行维修，排除险情。

7.11.2 污水管道破裂后，对溢出地面的污水进行疏导，使其进入其它污水管道，严禁污水四溢，造成对环境的污染。同时报告市政污水管理维修部门，派人进行及时维修。

7.12 洪水．台风应急措施：

7.12.1 发生洪水和台风时，应急领导小组要立即组织人员准备：锹，蒲包．担架等相关应急物资和抢险救灾工具，进行救灾抢险工作．

7.12.2 积极配合相关部门，做好人员疏散安排工作．及时指挥应急人员对下水管道等进行疏通和维修，减小险情的扩大．

编制人：安全员签名

审核人：项目经理签名

审批人：公司安质负责人

1. 应根据项目的实际对本预案进行删减和增加，进场后 15 日内打印出来，报主管部门备案。

2. 预案的测试周期最长不得超过三个月，测试包括培训/模拟/演习，要因地制宜采取适当的测试方式。

3. 培训/模拟/演习和获知发生其他事故的应急救援后要对本预案进行评审，记录在（10-19）中。

附表 10-6　　　　　　　　　　　　　　应急预案测试记录

工程名称：

日期	测试内容	测试情况（所有参与测试人员）	测试结论（组织者）
	灭火器知识培训	介绍灭火器的种类， 如何正确使用灭火器。 发生火情时的紧急疏散路线（各班组施工人员）	达到培训的预定目标 安全质检员：
	工地出现受伤情况急救措施	举例说明受伤情况的急救措施； 及时向项目部报告， 班组成立急救小组（各班组施工人员）	达到预案目标 安全员：
日期	评审内容	评审意见（参与评审人员）	评审结论（组织者）
	消防	简述	实际演练与预案符合项目要求。

1. 本表为测试"应急预案"时用，测试方法可以是培训/模拟/演习。
2. 测试方法通常采用培训、模拟，只有条件许可，才能组织演习，演习应注意不能发生意外事件。
3. 测试应针对预案规定的事故类别，记录预案规定的各项工作开始、结束时间；结论为"是/否可行"。
4. "评审意见"是针对模拟/演习/发生事故、事件（或得知同类）紧急情况后，对预案中应急措施能否达到预期要求进行讨论和修改的建议；"评审结论"为"可行/修改原预案"。

附表 10-7

文明施工管理方案

工程名称：		地址：		本方案项目投入的资金概算：				万元。
资金概算中人工费：　万元		资金概算中物资消耗：　万元		资金来源：预算中措施费□；增加签证口；内消消化口				

分类	目标	指标	主要管理措施	完成时间	主责人	配合人	实施结果和说明	检查人
文明施工争创	办公 100%符合公司文明施工管理规定		搭设临时办公室，并简单园林化			施工员	符合公司文明施工管理要求	
			添置、整修"1 大 6 小"工程简介、制度牌			材料员	添置"1 大 6 小"工程简介、制度牌	
			添置/整修办公桌椅__张			电工	添置办公桌椅 6 张、整修办公桌椅 12 张	
			添置、整修入口处"欢迎、企业简介"牌		安全员		添置人口处"欢迎、企业简介"牌	
			添置"安全警示/指示"牌，并正确悬挂				添置"安全警告/指示"牌正确悬挂	
环境安全管理	施工现场 100%符合公司文明施工管理规定		设备、人字梯、电缆支架刷"红丹"漆				按要求设备、人字梯、电缆支架刷"红丹"漆	
			安全护栏和胸手脚刷"黑与黄"的油漆				按要求安全护栏和脚手架刷"黑与黄"的油漆	
			材料堆放在万能货架上，A/B 材料"两类标识"醒目				材料堆放整齐，做到 A/B 材料"两类标识"	
			小型材料放在货架上，名称、数量清楚				小材料放在货架上，名称、数量清楚	
			各班组垃圾每半日一清，按"三类五种"存放				清扫及时，符合简单管理要求	
			设置__个简易小便处				按要求设置简易小便处	
文明标化工程		现场醒目位置设立户外广告牌	广告设置方案报当地城管等有关部门批准				广告设置方案报当地城管部门批准	
			广告牌制作、安装				已安装牢固	
			夜间灯光照明安装				已安装照明效果良好	

编制人：安全员　审核人：(项目)技术负责人或项目经理　批准人：项目经理或者公司安全负责人　日期：　年　月　日

1. 本表由安全员根据项目"环境/安全管理目标"和"重大环境因素/重大风险及控制清单"，在项目开工后 15 日内安全员编制，报公司安质经理审核，项目经理批准。
2. "户外广告牌"项目所在地有要求的，本方案应包括当地城管有关部门批准的"户外广告牌"设置方案。
3. 本方案的编制要落实与监督。

附表 10-8 临时用电验收记录

工程名称： 日期：

供电方式：	计划容量（kW）：		进线截面（mm²）：	额定电流（A）：
检查人及验收人				
序号	验收项目	验收内容		验收结果
1	临时用电组织设计	按临时用电组织设计要求实施总体布设		□ 符合要求 □ 不符合要求
2	支线架设	配电箱引入引出线要采用套管和横担； 进出电线要排列整齐、匹配合理； 作业时必须穿绝缘鞋等劳保用品；严禁使用老化、破皮电线、防止漏电； 应采用绝缘子固定、并架空敷设； 线路过道要有可靠的保护； 线路直接埋地，敷设深度不小于 0.6m，引出地面从 2m 高度至地下 0.2m 处，必须架设防护套管		□ 符合要求 □ 不符合要求
3	现场照明	手持照明灯应使用 36V 以下安全电压； 危险场所使用 36V 安全电压、特别危险场采用 12V； 照明导线应固定在绝缘子上； 现场照明要用绝缘橡套电缆，生活照明采用所套绝缘导线； 照明线路及灯具距地面不能小于规定距离，严禁使用电炉； 防止电线绝缘差、老化、破皮、漏电、严禁用碘钨灯取暖		□ 符合要求 □ 不符合要求
4	架设低压干线	不准采用竹质电杆，电杆应高横担和绝缘子； 电线不能高架在脚手架或树上等处； 架空线离地按规定有足够的高度； 主干道不小于 7m，一般道路不小于 5m		□ 符合要求 □ 不符合要求
5	电箱配电箱	配电箱制作经统一，做到有色标，有编号； 电箱制作要内外油漆，有防雨措施，门锁齐全； 金属电箱外壳要有接地保护，箱内电气装置齐全可靠； 线路、位置安装要合理、有 PE 线接地排、零牌； 电线进出应下进下出		□ 符合要求 □ 不符合要求
6	开关箱熔丝	开关箱有符合一机一闸一保险，箱内无杂物、不积灰；配电箱与开关箱之间距离 30m 左右，用电设备与开关箱不超过 3m 应加随机开关，配电箱的下沿离地面不小于 1.2m，箱内严禁动力、照明混用； 漏电开关漏电动作电流小于 30mA，动作时间不大于 0.1s； 严禁用其他金属代替熔丝，熔丝安装要合理		□ 符合要求 □ 不符合要求
7	接地或接零	严禁接地接零混用，接地体符合要求，二根之间距离不小于 2.5m，电阻值为 4Ω；接地体不宜用螺纹钢		□ 符合要求 □ 不符合要求
8	变配电装置	露天变压器设置符合规定要求，配电间安全防护措施和安全用具、警告标志齐全；配电间门要朝外开，高处正中装 20×30cm 玻璃		□ 符合要求 □ 不符合要求
验收意见： 验收合格同意投入使用		参加验收人员： 日期：		监理单位： 日期：

1. 本表单由安全员和值班电工根据"施工用电管理方案"、"临时用电组织设计" / "安全用电措施"进行验收，验收结果有数值要求的，应量化反映。
2. 甲方/总包/监理有要求时，应在自查合格的基础上请甲方/总包/监理验收。

附表 10-9　　　　　　　　　　机具验收记录

工程名称：　　　　　　　　　　　　　　　　　　　　　　　日期：

机具名称	机具验收检查项目					验收结论	复查抽查结论
	相对相 （＞0.38MΩ）	相对地 （＞0.22MΩ）	接地线 是否良好	设备外壳 是否良好	安全装置是 否齐全完好		
石材切割机		不符合	良好	不符合	完好	合格	合格
空压机	良好		完好	不符合	不符合	符合要求	同意使用
电焊机							
平刨机							
台钻							
手提切割机							
绿篱修剪机							
草坪修剪机							
平板夯							

1. 本表是对所有接入我方电箱的机械设备、手持电动工具进场验收时用。
2. 填写时应根据现场实际情况，调整"机具名称"列，每单台（具）一行：380V 电机检查①③④⑤；220V 电机检查②③④⑤，验收结论为：合格/不合格。
3. 移动用具及手持电动工具应在半年内再检测一次，复查合格后方可继续使用。
4. 项目经理/安全员/公司的项目督查人员应有一定量的抽查。

验收人：＿＿＿＿＿＿

附表 10-10　　　　　　　　　　　漏电保护器试跳记录

工程名称：_____　　检测人：_____　　箱编号：_____

试跳日期	电箱状态	A、B级电箱内漏电开关编号（C级开关箱编号）	漏电开关型号规格容量（A）	试跳结果		检测人	复查人
				动作	不动作		
	完好	01	50mil	正常			
	完好	01	30mil	正常			
	完好	02	30mil	正常			
	完好	03	30mil	正常			
	完好	04	30mil	正常			
	完好	05	30mil	正常			
	完好	06	30mil	正常			
	完好	07	30mil	正常			
	完好	08	30mil	正常			
	完好	09	30mil	正常			
	完好	10	30mil	正常			
	完好	11	30mil	正常			
					不动作		

1. 本表单为安全员/值班电工在施工过程中检查 A、B、C 三级电箱的漏电保护器试跳时用。
2. A、B级电箱试跳周期最长不应超过产品说明书的时间，无说明书的每周试跳一次；阴雨天、电箱搬动、电缆重新布线后应增加检查次数；"电箱状态"填写"正常"/"阴雨天"/"搬动"。
3. A、B级电箱的试跳记录应用胶带纸粘贴在电箱门后，记录满一张纸，揭下插在存档
4. C级（开关）箱的试跳周期为每周一次，阴雨天/电箱搬动/电缆重新布线后应增加检查次数。
5. 安全员/施工员/项目经理/公司及区域管理员/公司的安质主管应有一定量的复查。

附表 10-11

安全防护管理方案

工程名称：	地址：		本方案项目投入的资金概算：					万元
资金概算中物资消耗：		万元	资金来源：预算中措施费□；增加签证□；内部消化□					
资金概算中人工费：								

分类	目标	指标	主要管理措施	完成时间	主责人	配合人	实施结果和说明	检查人
安全管理	不发生人身重伤/死亡事故；轻伤0人次、失能工日多于1天	"三宝"执行100%	发放、正确配戴符合标准的安全帽				已发放、正确配戴安全帽未发生伤害事故	
			发放、正确使用符合标准的安全带				已发放、正确使用安全带未发生坠落伤害事故	
			张挂符合标准的安全密目网				已张挂、安全密目网使用有效	
		"四口"防护100%	楼梯口（段）设二道栏杆：上1.2 m，下0.6 m				已设置符合标准楼梯栏杆	
			预留洞口短边≥2.5cm的设固定盖板、周边设二道栏杆上1.2 m，下0.6 m				已设置符合标准预留口盖板洞及栏杆	
			通道口搭设防坠防护棚				通道口已搭设防坠防护棚	
			电梯井口设1.5-1.8 m固定棚门（栏）				电梯井口已设置固定防护栏	
			电梯井口、通道口设置二道栏杆，指示醒目，悬挂红色警示灯，				电梯井口、通道口已标识指示醒目、挂红色警示灯	
		"五临边"防护100%	楼梯/阳台/楼层的周边设置二道栏杆：上1.2 m，下0.6 m				楼梯/阳台/楼层的周边已设置二道栏杆	
			屋面周边外脚手架高出檐口1.5 m密目网封闭				屋面周边外脚手架高出檐口1.5 m已密目网封闭	
			临街周边（主干道路≥2.5m，一般道路≥2m）设封闭围栏				临街周边已设封闭围栏	

编制人：安全员　　审核人：技术负责人或项目经理　　批准人：项目经理或者公司安全负责人

1. 本表由安全员根据项目"安全"管理目标和项目"重大风险控制清单"，在项目开工后15日内安全员编制好，报公司安质经理审核，项目经理批准。
2. 本方案应包括的附件有：安全帽、安全带、安全密目网"三证"（生产许可证、合格证、准用证）的复印件。
3. 本方案的编制要求，落实与监督。

日期：　　　　日期：　　年　月　日

附表 10-12

重大环境因素及控制措施清单

工程名称：　　　　　　　　　　　　　　　　　　　　　　　地址：

区域	序号	环境因素	活动地点/工序/部位/条件	环境影响	时态/状态	管理方式
施工现场	1	噪声排放	施工机械：电锤、电锯、压刨、切割机噪声	影响人体健康、社区居民休息	现在/正常	执行程序文件
	2	火灾、爆炸的发生	仓库、施工现场：油漆、易燃材料库房及作业面、电气焊作业点、氧气瓶、乙块瓶使用、建筑垃圾引起的火灾事故	污染大气	将来/紧急	编制消防管理方案和应急预案
	3	有毒有害气体排放	施工现场：人造板及制品甲醛 VOC、壁纸、胶涂料、油漆有害气体排放、油漆容器及工具清洗废液有害气体排放、墙地砖陶类洁具、花岗岩石材放射性排放	污染大气影响人体健康	现在/正常	执行程序文件
	4	污水排放	固定式石材切割机的污水直接排放	污染水体	现在/正常	编制污水管理方案
	5	粉尘排放	场地清扫、涂饰打磨、石材瓷砖干切（磨）等扬尘	污染大气	现在/正常	执行程序文件
	6	固体废物排放运输遗撒	建筑垃圾、可回收垃圾、有毒有害垃圾混合废弃承或项目部自己清运	污染土地和马路	现在/正常	执行程序文件
	7	能源、资源消耗	消耗天然木材、石材、钢材、电能和水等资源	能源、资源耗用	现在/正常	执行工程消耗定额
办公生活区	1	生活污水排放	施工现场设食堂、厕所的污水直接排放	污染水体	现在/正常	编制污水管理方案
	2	火灾、爆炸的发生	液化气瓶、不规范的生活用电引起的火灾事故	污染大气	将来/紧急	编制消防管理方案和应急预案
	3	固体废物	办公用复印机和打印机废墨盒、墨粉、废电池、废磁盘、涂改液瓶、废日光灯不分类处理	污染土地、水体	现在/正常	执行程序文件

编制人：安全员　　　　审核人：项目经理　　　　批准人：公司安全负责人　　　　日期：进入项目的时间

1. 本表由安全员根据公司重大环境因素清单，结合现场具体情况调整，在项目开工后 15 日内经识别小组编制、报项目经理审核、分公司安全负责人审批。
2. 公司重大环境因素清单中列入的"重大环境因素"，且现场有这种环境影响的，必须列为项目部的"管理方式"、项目部可以自行制定。
3. 作为一个完整的策划，本表附件应应包括：场界示意图，公司重大环境因素清单，项目部制定的"管理方案"和"应急预案"。

附表 10-13

污水管理方案

工程名称：			地址：			本方案项目投入的资金概算：		万元
资金概算中人工费：		万元	资金概算中物资消耗：	万元		资金来源：预算中请施费□；增加签证□；内部消化口		
分类	目标	指标	主要管理措施	完成时间	主责人	配合人	实施结果和说明	检查人
环境管理	杜绝污水直接排放	建造 1 个沉淀池	固定石材切割机旁设置沉淀池				已设置沉淀池	
			沉淀池出水口与城市污水管接通				城市污水管已接通	
			定期清理沉淀池的沉淀物				定期清理沉淀池沉淀物无请审管网	
		建造 1 个隔油池	设置食堂污水隔油池				已设置食堂污水隔油池	
			隔油池出水口与城市污水管接通				城市污水管已接通	
			定期清理隔油池凝结物				定期清理凝结物无请审管网	
		建造 1 个化粪池	设置厕所化粪池				已设置厕所化粪池	
			化粪池出水口与城市污水管接通				城市污水管已接通	
			定期清理化粪池沉淀物				定期清理沉淀池沉淀物无请审管网	

编制人：　　　　　　　　审核人：　　　　　　　　批准人：　　　　　　　　日期：　　　年　月　日

1. 本表由安全员根据项目 "环境管理目标" 和项目 "重大环境因素及控制清单"，在项目开工后 15 日内安全员编制好，报公司安质经理审核，项目经理批准。
2. 本方案应包括的附件有：沉淀池、隔油池的施工简图；项目所在地有要求的，应有污水排放许可证。
3. 本方案的编制要求，落实与监督，实施日期、结果和检查人应手工填写。

附表 10-14　　　　　　　　　　　　场界内外噪声测量

工程名称：						工程地点：		
测量仪器型号：	气象条件：风力：　　级　　气温：　　℃					测试时间：8：30～10：20		
测点	敏感区域测量记录					背景/场界计算值		
背景噪声								
场界噪声								

点位置建筑施工场地示意图　建筑施工场地及其边界线，测点位

说明：

声级计加防风罩　　无夜间（22 点至次日 6 点）施工。

固定设备噪声测量	设备名称	测量记录						背景/场界计算值		

测量：	记录：	计算：	日期：　　年　月　日

1. 本表适用场界周围有医院/学校/机关/科研单位/住宅等需要保持安静的噪声敏感建筑物时的测定。
2. 场界外如有噪声敏感建筑物，尤其是噪声敏感建筑物集中区，应在场界外 1 米处测量，防止投诉。
3. 场界示意图只需画出施工场界的轮廓和周边噪声敏感建筑物位置即可，场界示意图可另附。
4. 场界内机械设备的布置、安全防护、隔离等措施时应予以考虑上述噪声敏感建筑物和噪声源。
5. 场界内主要测量设备/机具对操作人员的影响，设备分布图可另附，噪声检测点及记录格式如下。

附表 10-15　　　　　　　　　　　安全、环保交底表

工程名称：	交底部位：
施工班组：	交底日期：　　年　月　日

交底内容：

1. 本班组在施工的特点和重大危险源：

使用手持电动工具、机械伤害、石材碰伤、粉尘。

2. 针对重大危险源的管理措施：

进入施工现场必须戴好安全防护用品，安全帽要扣紧帽带、穿紧口工作服和防滑鞋，机械必须经验收合格。

离地面 2m 以上的高空作业，必须规范使用带安全带，安全带扣件不得低于腰部，扣件应扣在横杆牢固点上。配电箱距设备距离不得大于 3m，漏电保护器灵敏度为 15mA×0.1s；

3. 本班组应注意的常规安全事项：

切割砖石等必须戴耳塞，用云石机切割须湿切，减少修边等干磨削；

目测有中度以上粉尘时，戴口罩以减少粉尘侵入人体内；

云石切割机开关灵活，外壳完好无破损。不得带电状态下更换锯片；

不得私自对电源线拆改或加长，操作人员离机前，切断电源；

高处作业时不得将工具、材料等堆放在架板上，不得掷投材料和工具；可能坠落的物品及时清理干净。严格按照机械安全操作规程进行。

4. 本班组应执行的安全操作规程/标准：

严格按照机械安全操作规程进行机械验收和操作、JGJ 33—2001《建筑机械使用安全技术规程》等。

5. 发生紧急、意外情况后采取的避难和急救措施：

发生机械伤害或坠落事故时，伤者应平卧，并及时包扎止血送医院急救；发生触电事故及时切断脱离电源，采用人工呼吸法抢救，并打 120 急救电话送医院急救同时报项目。

6. 本班组产生的污染：

云石切割噪声、粉尘、固体废弃物、切割污水；

7. 针对污染的控制和预防措施：

环境噪声控制在昼间：65dB；夜间：55dB。操作切割时应戴耳塞、减少空运转的时间和噪声排放，切割须湿切，注意污水排放；碎砖石和建筑垃圾日产日清，分类堆放在指定地点；

交底人（施工员）：重点　　　　　（安全员）：参与交底　　　　　接受人：（现场班组长）

接受人（作业班组全体成员）：

交底到每个工人签名

1. 本表单由安全员根据现场具体情况在分项工程开工前有针对性地按要求逐项填写。
2. 同一工种多个班组、一个班组施工不同的分项工程都必须分别交底。
3. 每个作业人员都应在接收人栏目中签字。新工人和转岗工人还应接受"三级教育"。

附表 10-16   **临时用电协议**

工程名称：

甲方：＊＊＊园林公司_____项目部   乙方：

双方经协商，就乙方施工_____期间，接甲方编号为_____电箱用电事宜达成下列协议：

乙方必须服从甲方领导，听从安全员_____及值班电工_____的工作指挥。

乙方必须遵守我公司对用电设备的统一要求，对所有用电机具及电源线进行严格检查：

1. 检查不合格的用电设备一律不得进入工地现场。

2. 检查合格的用电机具按我公司要求帖上标签，标签注明：工程名称、检查人姓名、日期、测试数据。

3. 乙方将所有用电机具填表并加盖乙方公司/项目部印章，报甲方项目部备案。

电费结算发式：

乙方必须遵守国家临时用电新规范 JGJ 46—2005：

1. 严禁使用拖线板，开关箱控制的用电设备电源线长度不得超过 3 米。

2. 严禁保护接地/接零混合使用，严禁电工带电维修。

3. 对所有的用电设备每半月进行一次检查，检查结果报项目部备查。

乙方必须配备持证电工，并将证件复印件报项目部备案。

如在施工中发现用电设备有安全隐患应立即停止使用，不得带病运行。

甲方有权检查乙方用电情况，发现隐患，责令整改，若不服从者，甲方有权切断电源，并可对乙方进行罚款处理。

乙方接入甲方电源下桩之后部分若出了安全事故则由乙方承担全部责任。

甲方（盖章）：   乙方（盖章）：

代表：（安全员）   代表：

签定日期：   签定日期：

见证人（盖章）：

1. 签定本协议的目的：使接入我方电箱的一方符合安全用电的要求，杜绝和减少事故、事件的发生。

2. 协议由项目部在接电前签订，对方应有持证的电工，并有其负责用电机具的安全。

3. 本协议一式两份，双方各执一份；需要时一式三份，由甲方/监理/总包作为见证人。

附表 10-17

施工用电管理方案

工程名称：		地址：						
资金概算中人工费： 万元		资金概算中物资消耗： 万元			本方案项目投入的资金概算： 万元。			
					资金来源：预算中措施费□；增加签证□；内部消化□			

分类	目标	指标	主要管理措施	完成时间	主责人	配合人	实施结果和说明	检查人
安全管理	不发生触电事件	杜绝违章指挥/违章操作	用电组织设计由安全用电技术人员编制				根据本项目施工用电已编写	
			企业技术负责人审核、批准				已报送企业技术负责人审批	
			持有效证件的人员按批准的附件组织实施				相关人员持证	
	不发生人身重伤/死亡事故		安装/维修/值班电工配备相应的劳动防护用品				已配备绝缘鞋	
			编制/审批/使用人共同验收，合格后投入使用				已验收报监理批准使用	
	轻伤 1 人次，失能工日不多于 1 天	全部采用配电/TN-S 接零电保护系统	添置/整修总电箱 ___个				添置总电箱 1 个	
			添置/整修配电箱 ___个				整修配电箱 7 个	
		漏电 1 人次	添置/整修/整修开关箱 ___个				添置开关箱 15 个、整修开关箱 35 个	
			总电箱"漏电动作电流和时间的乘积"选择：___				符合要求	
			配电箱"漏电动作电流和时间的乘积"选择：___				符合要求	
			开关箱"漏电动作电流和时间的乘积"选择：___				符合要求	
		电缆、设备电源、照明符合规范	添置/整修 ___mm² 的五芯电缆 ___m				添置 3×2.5m² 五芯电缆 1800m 整修 50m²	
			室内外电缆架空设置				符合临时线路架设要求	
			设备按照"一机、一箱、一闸、一漏"设置				符合临时线路架设要求	
			室内灯具所使用安全特低压照明 JGJ 46—2005 10.2. 规定场	—			符合临时线路架设要求	

编制人：安全员　审核人：技术负责人或项目经理　批准人：项目经理或公司安全经理或公司安全负责人　日期：　年　月　日

1. 本表由安全员根据项目目标和项目重大风险控制清单进行编制，在项目开工后 15 日内报分公司安全经理审核、项目经理批准。
2. 本方案应包括由附件的内容：总容量 50kW 及以上的"临时用电组织设计"/50kW 以下的"安全用电措施"；编制人员、值班电工有效证件的复印件。
3. 本方案的编制要求、落实与监督。实施与监督。实施日期、实施结果和检查人应手工填写。

附表 10-18

消防管理方案

工程名称：			地址：				本方案投入的资金概算： 万元。	
概算中人工费： 万元			概算中物资消耗： 万元				资金来源：预算中措施费□；增加签证□；内部消化□	
分类	目标	指标	主要管理措施	完成时间	主责人	配合人	实施结果和说明	检查人
安全管理	不发生火警事件 不发生人身重伤/死亡事故 轻伤0人次、失能工日不多于1天	总电箱和配电箱灭火器材配备率100%	总配电箱配备___具灭火器				已配置、灭火器良好	
		库房灭火器材配备率100%	分配电箱配备___具灭火器				已配置、灭火器良好	
			危险品库房配备___具灭火器				已配置、灭火器良好	
			普通材料库房配备___具灭火器				已配置、灭火器良好	
		明火作业现场灭火器材配备率100%	明火作业配备___具灭火器				动火证明确配置、未发生火警事故	
			电、气焊执行"两证一监护"				严格按动火证要求办、未发生火警事故	
		固定木工机械作业/有机涂料喷涂现场灭火器配备率100%	固定木工机械配备___具灭火器				已配置、灭火器良好	
			有机涂料喷涂现场配备___具				施工中严格配置灭火器、未发生火警事故	
		其他配备率100%	办公室、食堂、宿舍配备___具				已配置、灭火器良好	
		现场100%禁烟	合同范围内严惩、其他单位之				安全教育培训中明确、现场禁烟标示牌	
环境管理	不发生大气污染大事件	现场废弃物100%杜绝焚烧	各班组交底中明确要求				安全交底时已要求、未发生焚烧废弃物	
			各班组废弃物自产自清				施工中做到每日产每日清	
			普工及时清扫				施工中普工及时清扫	

编制人：安全员 审核人：技术负责人或者项目经理 批准人：项目经理或者公司安全经理 日期： 年 月 日

1. 本表由安全员根据项目"安全/环境"管理目标和"重大环境因素、重大风险控制清单"，在项目开工后15日内安全员编制，报公司安质经理审核，项目经理批准。
2. 本方案应包括的附件有：现场电箱、固定设备和灭火器材分布图。灭火器材配备设备应执行程序文件各项规定。
3. 本方案的编制要求，落实与监督。

附表 10-19　　　　　　　　　　　**废弃物清运协议**

工程名称：	
甲方：＿＿＿＿＿＿项目部	乙方：

双方经充分协商，就下类列内容达成协议：

清运的范围和废弃物的种类：

　　1. 范围（时间/区域）：

　　2. 种类：选择打"√"：

　　　　（1）园林垃圾类：　□砖石渣土、　　□乔木土球包装；

　　　　（2）可回收利用类：□废钢筋、　　　□石材余料、　　　□支撑木杆、　　　□修剪枝条；

　　　　（3）有毒有害类：　□涂料包装物、□油漆包装物、　□粘合剂包装物

乙方的资质/资格：

甲方的配合工作：

废弃物的去向：废弃物的去向一定要注明！

费用的结算：

其他约定：

1. 乙方在清运时，应适量洒水减少扬尘，高层或多层清理时，严禁随意凌空抛撒造成扬尘。

2. 乙方在清运时发生的违章违规事件，由乙方承担全部责任。

甲方盖章：	乙方盖章：
代表：安全员	代表：
签订日期：	签订日期：
见证人：	

1. 签定本协议的目的：使清运方对废弃物的处理符合项目所在地的环境保护的要求，不对环境造成污染。

2. 协议由项目部在清运前签订，清运方应有相应资质，以保证废弃物的最终去向符合当地的法规。

3. 本协议一式两份，双方各执一份，需要时可报甲方/监理备案，作为见证人。

4. 施工合同明确（或双方另有协商）由顾客（总包）处理的，可不签订本协议，但应有相应的依据。

附表10-20   安全、环保控制记录

工程名称：			日期：
日期	检查项目	检查情况（实施人）	验证情况（验证人）
	文明生产检查	现场材料堆放、场地清洁、场地围护、办公室整洁整齐、安全标示及警示牌、公司形象宣传要有实施人	□ 符合要求 □ 不符合要求
	临时照明用电检查	是否有专用照明配电箱及专用线路、照明灯具有否防护罩、36伏低压照明灯及变压器外壳接地保护	□ 符合要求 □ 不符合要求
	消防设施检查	消防砂桶存砂量、灭火器压力表指示正常值及保险插销、有否空瓶、布置位置符合布置图	□ 符合要求 □ 不符合要求
	有害有毒气体排放检查	石材符合 GB 6566—2001、人造板符合 GB 18582—2001 内墙涂料符合 GB 185852—2001、溶剂油漆符合 GB 18581—2001、墙纸符合 GB 18585—2001	□ 符合要求 □ 不符合要求
	焊接作业检查	动火手续是否办理、现场有否监护人、灭火器配备情况、易燃物清理、防火星飞溅措施、个体防护情况、电焊机是否符合用电要求及防雨水措施、	□ 符合要求 □ 不符合要求
	火灾、爆炸发生检查	灭火器材完好、电气线路负载、仓库及危险品库管理、电焊作业办理用火手续、工人宿舍用电及电热器具禁用情况	□ 符合要求 □ 不符合要求
	脚手架检查	查脚手架防护栏杆、斜撑或平台是否有挡脚板和扶手、挡板放置、绑扎是否牢固、斜撑扫地杆、立杆、大横杆、小横杆间距超过规定要求、搭设方案审批及持证搭设	□ 符合要求 □ 不符合要求
	临时配电线路检查	线路有否老化、接线头有否破损外露、线路有否绝缘子隔离架设及碰到可燃物、照明灯具有否防护罩、配电装置按施工进度及时调整否	□ 符合要求 □ 不符合要求
	电动工具检查	外壳是否完好、绝缘电阻达标、电缆线有否破损及接头、扦头完好	□ 符合要求 □ 不符合要求
	空压机检查	压力表准确有效、安全阀及气压控制开关灵敏可靠正常工作、传动机械防护、接地保护	□ 符合要求 □ 不符合要求
	安全防护检查	安全帽、安全带、工作服、电焊手套、面罩、绝缘鞋、防尘口罩、防毒面具穿载使用正确情况	□ 符合要求 □ 不符合要求
	污水检查	生产污水排放（石材切割机设沉淀池）生活污水排放（食堂、厕所专用管道）	□ 符合要求 □ 不符合要求
	噪音排放检查	场界噪声（室内各种机械设备及电动手动工具操作时发出噪音）、环境噪声（室内噪声影响周围居民区噪声）是否符合白天 65dB 晚 55dB	□ 符合要求 □ 不符合要求
	粉尘排放检查	切割粉尘排放、锯末粉尘的排放、打磨粉尘排放、地面清扫粉尘的排放、水泥搬运粉尘的排放等措施有效性	□ 符合要求 □ 不符合要求
	高处作业检查	操作层竹片或木板的满铺、搭接、绑扎是否完好、保护层有否安全网设置、护栏及档板有否缺损、架体与建筑物拉结、脚手架上杂物是否及时清理及临边防护情况	□ 符合要求 □ 不符合要求

1. 本表单为安全员/电工/材料员对安全、环保过程控制检查、处置时用。
2. "检查项目"应明确监督的重点是"重大风险"/"重大环境因素"/"_____管理方案"。
3. "检查情况"主要记录施工中安全、环保（文明施工）的隐患，被查出问题的班组长，应在检查情况内签字确认。
4. "验证情况"记录整改后的具体情况，能量化的用数值反映。"验证人"为检查人，项目经理/施工员应有一定量的复查。

附表 10-21   **三级动火证**

动火许可证存根（级别__三级__ 编号_____）

单位名称		动火部位	部位要写细（ 楼 层 部位）		
工程名称		动火时间	年 月 日 时至 年 月 日 时		
动火须知					
动火许可证分级	动火区域		申请人	申请时间	批准人
一级动火许可证	禁火区：油罐/油槽/易燃液体、危险性较大的高处、密闭的容器、室内焊、割作业		项目经理	提前一周	消防部门
二级动火许可证	有一定危险的非禁火区：临时焊、割，登高（24 米/10 层）动火		安全员	提前 2-4 天	总包/监理/甲方
三级动火许可证	无明显危害因素的非固定场所动火作业		班组长	提前 1-3 天	安全员

安全技术措施：
1. 周围、下方的可燃、易燃物的措施：
2. 消防器材的配备：
3. 动火点距危险品的距离：
4. 露天施工的气候情况和措施：
5. 其他措施：   作业完毕的检查人：

动火人/证书号		申请人/日期	
监护人/岗位		批准人/日期	

- ✂ - -

动火许可证（级别_____ 编号_____）

单位名称		动火部位			
工程名称		动火时间	年 月 日 时至 年 月 日 时		
动火须知					
动火许可证分级	动火区域		申请人	申请时间	批准人
一级动火许可证	禁火区：油罐/油槽/易燃液体、危险性较大的高处、密闭的容器、室内焊、割作业		项目经理	提前一周	消防部门
二级动火许可证	有一定危险的非禁火区：临时焊、割，登高（24 米/10 层）动火		安全员	提前 2-4 天	总包/监理/甲方
三级动火许可证	无明显危害因素的非固定场所动火作业		班组长	提前 1-3 天	安全员

安全技术措施：
1. 周围、下方的可燃、易燃物的措施：
2. 消防器材的配备：
3. 动火点距危险品的距离：
4. 露天施工的气候情况和措施：
5. 其他措施：   作业完毕的检查人：

动火人/证书号		申请人/日期	
监护人/岗位		批准人/日期	

1. 本证主要作为三级动火证申请、审批使用，也可作为一、二级动火证的申请附件，一起递交监理、甲方、消防部门。
2. 依据动火许可级别申请，一式两份，安全员一份（备案），动火人持一份（备查）。

第 11 章　项目收尾管理

11.1　收尾项目的确认

11.1.1　收尾项目的界定

工程已实质完工，并通过建设单位组织的竣工初验；或工程合同中作为实施主体的内容全部累计完工 95% 以上，剩余内容为甲指分包的协调配合工作。

11.1.2　收尾项目的认定程序及人员组成

公司工程管理部对具备收尾条件的项目，报分管领导审批后下达收尾项目通知书，并由人事行政部下达项目交验清算小组名单。小组人员应由原项目经理、施工主管、项目预算员等组成，包括已分流到其他项目的关键岗位人员。

11.2　收尾项目人员管理

公司人事行政根据项目收尾进展情况，及时做好人员分流工作。原项目经理应始终负责项目收尾工作，调出收尾项目的各相关人员，当收尾项目需要时，必须回项目协助处理相关业务。

11.3　收尾项目费用管理

(1) 收尾项目的尾工、整修、交验、结算、清算等业务所需发生的费用，上报费用计划报公司成控部，由公司成控部组织工程管理部、成控部、财务部及招采部等部门进行审核同意后方可发生费用。

(2) 费用核销程序：收尾期间因交验、整修发生的劳务结算和其他直接费用由公司成控部和财务部审核，因交验、整修发生的材料费用由公司工程管理部和财务部审核，小组人员工资及各种奖励、差旅及办公费、业务招待费等成本费用，由公司人事行政部和财务部按照相关文件规定审核，以上费用经领导审批后，列支项目成本费用。

11.4　工程竣工验收

交验清算小组根据施工现场情况研究制定整修方案，整修、清理完成申请工程竣工验收，验收通过后上报竣工验收报告并完善签字确认手续。

竣工验收后，向建设方提出移交申请，办理移交手续。

11.5　工作移交

项目施工结束，项目经理部门负责人调离前应将资料移交公司对口职能部门，自移交起由公司职能部门负责本项目业务工作，但原项目人员责任不变，继续在公司安排下做好此项工作。

11.6　工程资料归档及移交

（1）项目经理部归档资料包括工程技术资料及管理资料两部分。工程技术资料归档按国家及地方建设行政管理部门有关工程档案管理规定进行。工程资料交公司档案室。

（2）项目施工主管为移交资料第一责任人，在规定时间内完成移交资料的编制工作，及时向甲方及建设档案管理部门移交项目的技术资料，以便办理工程备案手续。

（3）工程移交时，交验清算小组应将项目实施过程中的项目管理策划书及成本管理、技术管理、分包管理、材料管理、进度管理、安全质量环保管理等资料整理归档，按照"撤销项目应上报资料清单"（附表 11-1）、"项目管理资料归档移交表"（附表 11-2），移交给公司相应部门。

11.7　工程总结和项目经理部撤销

交验清算小组应着手做好项目的工程总结工作，制定"项目经理部管理总结计划表"（附表 11-3）。在"项目完工总结报告"（附表 11-4）完成后应视为竣工资料统一管理。按合同约定完成保修责任，收取尾款及质保金后，撤销项目经理部。

11.8　项目投诉管理

（1）公司及项目经理部应高度重视投诉处置工作，投诉类别包括致函、抄告书、投诉电话等。接到投诉后立即查明投诉原委，并拟定处置方案，涉及企业形象和信誉的必须及时向公司汇报，汇报内容包括（但不限于）：投诉原文、投诉起因及现状、拟定的处置方案及需要上级单位给予的帮助等。

（2）公司工程管理部接到投诉后，向分管领导汇报，责任部门或单位立即按批示或决定落实，工程管理部做好督办。

11.9　项目后评价

11.9.1　项目后评价的目的

工程项目后评价是指项目完工后 1 个月内，项目经理组织相关部门全面回顾项目经营生产与管理全过程，对照开工时项目管理策划书确定的目标以及技术、安全、质量、经济、工期等指标，就项目实施过程及其最终成果进行分析，找出差异与存在的问题，查找项目管理行为的得与失，对出现的问题提出预防性措施，总结经验与教训，认真评价和总结，并形成项目后评价报告，以不断完善和改进项目管理，为项目具体实施、过程管控、经营结算等工作提供借鉴，达到不断提高项目精细化管理水平的目的。

11.9.2　项目后评价的依据

（1）项目管理策划书；

（2）项目目标责任书；

（3）竣工图纸、实施性施工组织设计、技术方案、变更设计文件等一系列技术性资料；

（4）甲方批复验收、项目内部验收、分包预提及结算、变更洽商等二次经营资料、过程盈亏分析、工程结算等一系列经济资料；

（5）各类项目承发包合同及其合同评审、合同交底、过程履约分析等合同管理资料；

（6）其他涉及项目管理的资料。

11.9.3　项目后评价组织与管理

（1）公司负责对各工程管理部的项目后评价管理工作进行督导、检查，并积极推进项目后评价工作的实施，定期收集整理各工程管理部的项目后评价资料，提炼成册分发至各施工部门，以供学习和借鉴，从而提升公司项目管理整体水平。

（2）各区域工程管理部负责项目后评价的具体管理工作，按时间要求收集整理项目上报的后评价报告，并组织公司相关职能部门进行评审，同时对各项目上报的后评价报告进行总结、分析，汇总本部门的项目后评价资料，并据此对相同或类似工程项目的管理提出改进意见、措施，推动项目精细化管理水平的不断提高。

（3）项目经理部负责后评价的具体工作。竣工结算完成后 1 个月内，项目经理组织项目经理部相关人员对项目实施全过程进行分析、评价，形成项目后评价报告，并及时向公司工程管理部及所属区域工程管理部上报。

11.9.4　后评价内容

评价范围包括从工程准备阶段、实施阶段至收尾阶段的整个过程，主要是与项目管理策划书及工作依据进行对比，包含（但不限于）以下内容：

（1）项目管理策划书实施情况，分析其原因。

（2）单元清单和责任矩阵使用的效果及改进措施。

（3）项目经理部对一般员工绩效考核的效果和改进措施。

（4）管理报告和例外管理的执行情况及改良建议。

（5）施工组织设计方面：施工方案的先进性、合理性、经济性，资源配置合理性，进度组织。

（6）安全质量管理方面：好的做法和存在的不足。

（7）责任成本目标实现情况，成本措施提升的空间。

（8）变更索赔等"二次经营"的开展情况及效果。

（9）对分包队伍管理的情况及改进措施。

（10）项目过程成本管理情况及改进措施。

（11）项目的合同执行情况及改进措施。

（12）工程结算情况、盈亏分析情况及改进措施。

（13）其他需要评价的内容。

11.10　附表

附表 11-1：撤销项目应上报资料清单。

附表 11-2：项目管理资料归档移交表。

附表 11-3：项目经理部管理总结计划表。

附表 11-4：项目完工总结报告。

附表 11-1　　　　　　　　　　撤销项目应上报资料清单

工程名称：　　　　　　　　　　　　　　　　　　　　　　日期：

序号	名称	份数	备注
1	竣工文件及竣工图纸		
2	竣工验收交接资料		
3	工程质量评定资料		
4	工程日志		
5	工程技术总结（工法编写计划、科研项目攻关合同等）		
6	工程获奖情况及证书		
7	工程承包合同		
8	劳务分包合同		
9	劳务分包合同台账		
10	外部劳务队伍验收结算单		
11	外部劳务队伍封账协议		
12	物资采购合同原件及台账		
13	优质工程申报资料		
14	工程立项和批复文件		
15	全员花名册		
16	员工各项未清账目清单		
17	应归入员工档案的资料及应移交的书籍、文件		
18	2000 元以上办公生活类固资台账		
19	会议纪要		
20	工程造价预算资料及决算审计资料		
21	工程招投标的有关资料		
22	工程变更设计（含调概索赔）及经济签证有关资料		
23	工程合同及补充合同		
24	收入、利润、成本、计量及上交款说明		
25	法律诉讼情况说明		
26	工程税金清缴说明		
27	对账签认单		
28	资产账实核对清单		

附表 11-2　　　　　　　　　　　　**项目管理资料归档移交表**

工程名称：　　　　　　　　　　　　　　　　　　　日期：

序号	项目管理资料归档类目	主要内容及时间阶段	责任人或部门	工作期限
1	项目履约条件调查资料			
2	项目合同评审资料			
3	项目人员工资收入资料			
4	《项目实施计划》			
5	项目考核、评审资料			
6	项目现金流测算资料			
7	项目信息识别与管理资料			
8	项目物资及设备计划、采购、合同、验收、调拨等资料			
9	项目分包管理资料			
10	项目综合事务方面资料			
11	项目盈亏测算成本管理资料			
12	项目生产计划及进度管理资料			
13	项目成品保护、质量创优、QC 小组活动资料			
14	项目收尾管理资料			
15	项目回访保修资料			
16	其他			

编制人： 时间：　年　月　日	审核人： 时间：　年　月　日	批准人： 时间：　年　月　日

附表 11-3   **项目经理部管理总结计划表**

工程名称：   日期：

项目经理部管理总结依据				
序号	文件资料	责任部门/人	资料完善程度	联系方式
1	项目管理计划书			
2	项目经理部经济承包责任书			
3	项目合同文件及变更、签证资料			
4	项目索赔及反索赔资料			
5	施工图纸及竣工图			
6	项目实施计划			
7	项目考核资料			
8	项目结算资料			
9	法律、法规、标准、规定、政策			
10	项目成本管理资料			
11	项目进度、质量、安全、环保管理资料			
12	项目竣工资料			
13	其他			
14				
15				
16				
17				
18				
19				

项目经理部管理总结计划方案					
序号	项目总结名称	责任部门/人	编制要点	完成期限	审核人	批准人
1	项目经理部合同管理（索赔与反索赔总结）					
2	保函或保证金管理的总结					
3	项目经理部技术管理总结（技术方案数据库）					
4	项目经理部成本管理总结（成本管理数据库）					
5	项目经理部质量管理总结					
6	项目经理部生产及工期管理总结					
7	项目经理部安全环保管理总结（安全方案数据库）					
8	项目经理部物资、设备管理总结（供应商管理数据库）及供应商满意度调查					
9	项目经理部综合事务管理总结					
10	项目经理部分包管理总结（分包及劳力管理数据库）及分包商满意度调查					
11	项目经理部员工激励及培训总结、员工满意度调查					
12	工程照片整理					
13	甲方满意度调查					
14						

编制人：	审核人：	批准人：
时间： 年 月 日	时间： 年 月 日	时间： 年 月 日

附表 11-4　　　　　　　　　　项目完工总结报告

日期：

工程名称				项目经理	
项目编号				工程类型	
发送部门：					

一、项目基本情况

项目位置			联系人及联系方式		
甲方名称				法人代表	
甲方地址			联系人及联系方式		
施工单位				法人代表	
单位地址			联系人及方式		

	职位	性别（服务中铁年限）	学历	执业资格	联系电话
项目团队成员	项目经理				
	项目团队总人数（含聘用）			人头管理费用	

合同工期		实际工期		开工日期		竣工日期	
工程概况							
起初合同额		变更索赔额			最终结算额		
项目效益		项目毛利率			项目成本降低率		

已收款	工程款回收率	拖欠款	项目质保金	收回全部款项时间	项目兑现额		参加兑现人数

项目获奖情况	获奖项目		时间		颁奖部门	

二、项目成本管理情况

	合同价	项目责任成本	变更及索赔	项目实际成本	节超分析	项目结算	项目利润来源分析	
人工费							劳务分包控制方面利润	
专业分包费							专业分包控制方面利润	
材料费							材料管理利润	
机械费							机械管理利润	
其他直接费							其他直接费控制的合理化利润	
间接费							管理费节约	
规费							索赔变更方面的利润	
利润							最终结算新增利润	
合计							合计	
说明								

续表

三、项目进度管理情况						
合同工期		计划工期		变更签证增加工日	延误工期	实际工期
序号	进度管理的主要措施		在工期或成本方面的成效		主要经验	
1						
2						
说明						

四、项目质量、安全、环保管理情况				
项目	投入费用	取得成效	事故次数	损失
质量管理				
安全管理				
环保管理				
合计				
序号	主要措施	投入的费用	创造的效益或效果	主要经验
1				
2				
	对公司各部门"项目动态管理"改进建议:			

五、项目分包及劳务管理情况								
分包企业数			分包总额		分包劳务总人数			
序号	分包企业名称	分包性质	合同单价或总额	工期	平均人数	结算额	索赔/反索赔	评价
1								
2								
3								
说明								

六、项目材料管理情况						
					周转料具	零星材料
供应商个数						
合同数						
平均合同额						
计划投入						
实际消耗						
成本降低						
序号	主要供应商名称		服务范围		提供服务数量	
1						
2						
3						
说明						

七、项目技术管理情况			
序号	采用新技术、新工艺、新材料或技术创新名称	主要技术特点	主要经济效益
1			
2			

编制人:	审核人:	批准人:
时间:　　年　月　日	时间:　　年　月　日	时间:　　年　月　日

第 3 篇
技术管理及信息化管理

第 12 章　施工技术管理

12.1　技术管理体系

(1) 项目开工前，项目经理对本项目经理部的技术人员按专业和技能进行详细分工，明确技术管理部门和技术管理岗位职责。

(2) 项目经理部应建立技术资料管理制度，测量复核制度，试验检测管理制度，施工组织设计管理制度，技术资料签字，复核及检算制度，技术交底制度，技术交接制度，技术变更管理制度，过程控制管理制度，重大问题请示报告制度，竣工文件管理制度等基本技术管理制度。

12.2　设计文件审核

(1) 项目经理部应通过组织设计文件审核，并填写"设计文件审核记录"(附表 12-1)，熟悉设计文件、领会设计意图、掌握工程特点及难点，规避设计风险，提前筹划变更设计；复核工程数量，建立工程数量台账，填写"工程数量复核台账"(附表 12-2)。

(2) 项目经理部在收到设计文件或变更设计文件至少保存一套原始施工蓝图，图纸发放时做好"图纸发放记录"(附表 12-3)后，应由项目技术负责人制定审核计划，组织人员对设计文件进行现场核对和审核，形成审核记录。对于"重、大、特、新"项目，应报告上级技术管理部门指导协助审核。

(3) 项目施工主管负责将审核中发现的问题及意见汇总报至监理、设计与建设单位，召开图纸会审会议予以确认，并填写"图纸会审记录"(附表 12-4)，并积极联系以尽快获得处理回复意见。

(4) 设计文件审核记录、图纸会审记录等有关资料应登记保存，建立管理台账，填写"设计文件审核台账"(附表 12-5)，跟踪处理结果；做好文件标识、技术交底，按处理结果组织施工。未经审核或审核问题未落实的图纸，不得进行施工。

12.3　工程设计变更

(1) 在掌握设计意图的基础上通过对现场的深入调查研究和充分论证，本着优化设计，降低成本，增加效益和保证工程质量、结构安全、施工进度的原则进行设计变更。设计变更发生时及时登记"变更设计动态管理台账"(附表 12-6)。

(2) 设计变更资料应包括拟设计变更项目的原因或理由、设计变更初步方案、有关检算资料、工程量增减及预算、相关设计变更报表等。项目经理部应安排专人管理设计变更资料，建立设计变更动态台账。已批复的变更设计应及时分发至相关部门与人员，逐级做好技术交底。

（3）工程实施过程中不得随意改变设计文件，如需要变更原设计，必须按建设单位的规定履行程序，按批复的变更设计文件组织施工；未经批准的设计变更不得施工。

12.4　标准规范

公司工程管理部应定期以有效文件清单形式，对现行国家、行业技术标准、规范、指南等进行有效性识别，项目经理部据此及时更新，并配置齐全适用的技术规范、规程、标准、地方强制性要求等，组织学习并建立管理台账。

12.5　工程测量

（1）测量控制点坐标移交、施工放样、竣工测量定期复核等测量工作由项目经理部负责组织。项目经理部应配备专业测量人员负责测量管理工作，项目技术负责人或施工主管对测量成果进行复核确认。

（2）工程开工前，应制定工程测量计划；并对测量控制点进行复测，完成后应整理测量成果书，详见"放线验收单"（附表12-7），报送建设单位或监理单位审批后实施。

（3）工序放样须引用经审批的复测和控制线。测量工作必须构成闭合检核条件，控制测量、定位测量和重要的放样测量必须坚持采用两种不同方法（或不同仪器）或换人进行复核测量，并做好"复核测量管理台账"（附表12-8）。

（4）监控量测方案经审批后方可实施；委托第三方监测单位实施监控量测时，应设专人负责管理。

（5）施工主管应履行测量工作检查、测量问题纠偏、仪器自检及送检等测量管理职责。测量仪器应按国家规定定期检定，每月组织仪器自检一次，随时掌握仪器性能状况，发现问题及时校正检定。

（6）项目经理部应建立测量仪器、测量技术文件、测量人员管理台账，按季度梳理，及时更新。

12.6　施工组织设计和方案

（1）所有工程项目均应编制实施性施工组织设计，并制定"施工组织设计（专项施工方案）编制审批计划表"（附表12-9）所有分部分项工程均应编制专项施工方案。未编制施工组织设计或专项施工方案，或施工组织设计未按规定程序获批的工程不得开工。

（2）施工组织设计应在项目开工前规定的时限内，由项目经理组织编制成稿报批，填写"施工组织设计（专项施工方案）审批表"（附表12-10），专项施工方案应在相关工程开工前规定的时限内由项目施工主管组织编制成稿报批；建设单位另有要求的，从其规定。

（3）重点工程施组、方案编制前需公司组织召开策划研讨会。公司业务领导、公司相关部门、项目经理、施工主管、项目主要施工班组负责人参加，以确定总体思路，论证安全可靠性和经济合理性，及时制定"施工组织设计（专项施工方案）编制审批计划表"（附表 12-9）。

（4）实施性施工组织设计的核心是施工部署、方案比选、资源配置、施工顺序、工期安排、关键工序的工艺设计以及主要的辅助设施设计，要做到重点突出，简洁实用。

（5）主要施工方案制定过程中要进行充分的方案比选和优化，保证施工方案的适用性、安全性、先进性、经济合理性。要特别重视结构检算、工序能力计算、临时工程设计等。

（6）施工组织设计编制完成后，由项目经理组织召开自评会，项目施工主管、项目经理签署后按照审批权限，逐级报批。项目施工主管负责根据上级审查意见，在规定的时间内组织修改完善。

（7）对于修改完善后的施工组织设计，项目经理负责组织召开施工组织设计交底会，项目核心成员、相关部门和班组负责人参加。

（8）项目经理部必须严格按批复的施工组织设计组织施工，不得擅自改动。若因施工条件变化，需要调整的，需按要求重新编制，报原审批单位重新审批。

（9）项目施工主管应对施工组织设计的编制、审核、发放、修改等情况，建账管理，及时跟踪。项目经理部应每月监督检查施工组织设计的执行情况，形成记录。

12.7　技术交底

（1）技术交底类别：建设单位及设计单位交底、技术管理交底、施工组织设计交底、单位工程技术交底、分部分项工程技术交底、安全质量及环保专项交底以及季节性施工措施交底等。

（2）技术交底的方式：会议交底、书面交底和口头交底。会议交底应做好书面交底资料、会议签到表、会议记录、会议纪要等。所有工序实施前，应当进行书面技术交底，填写附表 12-10《技术交底书》，未进行技术交底，不得施工。在应急情况下对非关键工序可先在现场进行口头交底，随后应在当日补上书面交底，并取得接受方签字确认。

（3）技术交底前，应熟悉设计图纸、有关的规范规程及技术安全标准等，不得将设计文件、标准图不加标注、审核、分解而简单地复印下发。应对原图和资料分解，重新组合并附加解释，对可能疏忽的细节要特别说明，提出工艺标准、质量标准和克服通病的措施。技术交底应填写清楚，要绘制简图并标注各部尺寸，内容应符合"技术交底书"（附表 12-11）要求。对于为使用过的材料、工艺、新的收头方式，需经项目经理确认制定大样制作方案，并填写"大样确定单"（附表 12-12）。

（4）技术交底需严格执行技术复核制。对复核无误的交底，复核人需签字确认，严禁代签。

（5）工序交底应交到现场管理及作业人员手中，对于涉及试验相关的内容还应交到试验人员；安全质量专项技术交底必须交到参与施工的现场管理人员、技术人员、安全质量管理人员、作业人员手中，交底的内容应有针对性安全质量措施或专项的安全质量措施。所有交底接收人员需签字确认，严禁代签。

（6）公司工程管理部技术部门应及时对技术交底及执行情况进行检查，并填写"技术交底执行情况检查记录表"（附表 12-13），对现场施工出现与技术交底有偏差时，应立即下达整改通知书，对整改情况进行验证，并应留有验证记录，及时填写"施工过程监督记录检查表"（附表12-14）。

12.8　试验检测管理

（1）项目经理部应建立试验管理体系。委托第三方检测时，应考察确认第三方检测单位的资质和检测能力，配置兼职试验人员监督管理。

（2）配合监理工程师进行现场见证取样，按照检验和试验规范或规定进行试验。对特殊工程，应编制试验检测方案，经项目经理审批后，组织实施。

（3）按规范要求的检测参数、检测频次开展原材料、周转料、半成品及成品的检测，登记"材料检验台账"（附表12-15）；对施工完毕的工程实体按相关规范的要求进行现场实体检测。

12.9　技术资料管理

（1）项目经理部应设专人负责技术资料的管理，建立健全技术资料目录和管理台账，详见"技术文件总目录"（附表12-16），定期发布有效文件清单及失效文件清单（附表12-17）。资料员应及时收集、整理工程技术资料，确保资料与施工进度同步。

（2）项目施工主管制定技术资料清单，明确各类资料的编制责任人。

（3）项目开工前应及时了解掌握检验批的划分和资料编制要求，将检验批划分提报相关单位批准。

（4）文件资料应进行标识、编号、登记、存放和归档，或按规定销毁。

（5）外部文件须由项目指定的专人签收，并及时登记，报项目经理处理。

（6）技术文件应按照规定的发放范围进行发放并由接受方指定的专人签收。如实填写"技术文件发放台账"（附表12-18）和"技术文件签收记录"（附表12-18）。

12.10　科技管理

（1）项目经理部根据工程施工技术特点在公司工程管理部指导下制定科研、工法及专利工作计划，明确科研课题负责人，积极开展"四新"技术的推广应用工作。

（2）项目施工主管应按计划组织各科研课题小组开展科技研究、工法开发和专利申报工作，加强过程资料的收集、整理、分析，按时上报科技报表，履行申报程序，申请科技成果鉴定。

（3）科研计划。项目经理组织各专业技术人员、施工管理人员根据本工程设计特点、施工重点难点开展研究，确定本项目科研技革项目、工法、专利的立项计划，分析科技创新点和创新目标，明确课题负责人，按照公司科研计划项目有关管理办法做好立项申报准备工作，每年四季度向公司工程管理部提出立项申请。

（4）科研实施。项目经理是科技开发的主责人，应按计划组织各科研课题组开展科技研究、工法开发和专利申报工作，加强过程资料的（含视频、照片等）收集、数据采集，加以整理、分析，及时总结、形成成果。对于重大重点课题公司鼓励与高等院校、设计院、专业实验室、工厂开展合作研究，取得施工关键技术的突破。

（5）成果验收和鉴定。科研课题完成后，课题负责人牵头整理资料，形成工作报告、科研报告，填写科研课题验收书，在每年一季度向公司工程管理部提出验收申请，工程管理部组织验收。有条件的科研课题向地方主管部门、协会申请科研成果鉴定。

（6）工法申报。项目经理负责及时完成计划工法的编写工作，并初审后报公司总工程师审核。工法完成后应积极申报所在省市级工法。申报国家工法由公司工程管理部组织，工法编写单位积极配合。

（7）专利。项目经理部在实施过程中要立足于方案研究，工程安全保证，质量改进，成本降低，提高生产效率等方面勇于创新，善于创新，广泛开展技术研发革新。对首创性技术、革新技术、集成技术要积极申请专利，形成公司知识产权。

（8）新技术推广应用。项目经理应及时掌握住建部发布的最新的推广、限制、禁止的技术。针对项目具体情况开展"四新"技术的推广应用工作，推广应用绿色施工技术。积极申报住建部和行业协会组织的科技示范工程申报和验收。

（9）技术标准。公司鼓励各部门积极参与国家和地方政府主管部门、行业协会、研究机构组织的标准、规范、管理办法等技术文件的编修，以主编或参编单位积极参加，并高质量地完成。

12.11　安全质量相关技术工作

（1）根据工程特点，对本项目的特殊过程及关键工序进行界定，并编制作业指导书。参与危险源及环境因素识别，制定预防措施和应急预案。

（2）对重点工程和危险性较大的分部分项工程进行风险评估，编制报审专项施工方案，进行安全质量技术交底。

（3）参加安全生产检查，重点检查技术措施的落实情况。

12.12　工程计量与结算

（1）项目施工主管应根据合同约定的计量支付的频次和要求，及时整理汇总所需技术资料，完善签批手续，提交相关部门，协助办理计量支付工作。项目经理应对提报的技术资料复核把关，确保验收项目及时完整，数据准确，逻辑合理。项目预算员应对计量支付资料建账管理，填写"工程验收计量管理台账"（附表12-20），定期核对，确保每期收项目不遗漏不重复；每期台账应至少反映当期和上期计量支付情况。

（2）项目施工主管应按照项目经理部的管理规定，组织现场验收，按施工作业队伍分别编制结算资料，提交相关部门。项目经理应根据合同约定，加强对结算资料的审核，确保每期结算项目不遗漏不重复；结算资料应建账管理，并填写"结算工程管理台账"（附表12-21），定期核对。

12.13　过程控制

（1）各区域工程管理部每月组织一次施工技术管理大检查，检查内容包括技术资料管理、方案编制、技术交底、科技管理、计量验收等方面，对存在的问题提出整改要求，并督促整改。

（2）公司每季度由公司总工程师带队组织一次施工技术管理大检查。

12.14　竣工文件及竣工交验

（1）工程开工初期项目经理部应及时与建设单位、地方档案馆沟通，明确竣工文件编制要求，制定编制计划，明确主责人员。

（2）档案资料应专项管理，不与施工过程使用的资料混用、混放。施工期间应同步完成文件资料的编制和收集，影视资料的采集，及时汇总整理并分类存放存档。

（3）竣工文件应完整、有效，工程完工后按合同约定的时间交付给建设单位、所在地档案馆进行验收和交接，同时按照公司规定内部存档。

（4）工程项目达到验收条件后，向建设单位提交验收申请，参加竣工验收，领取"竣工验收报告"。

12.15　附表

附表 12-1：设计文件审核记录。
附表 12-2：工程数量复核台账。
附表 12-3：图纸发放记录。
附表 12-4：图纸会审记录。
附表 12-5：设计文件审核台账。
附表 12-6：变更设计动态管理台账。
附表 12-7：放线验收单。
附表 12-8：复核测量管理台账。
附表 12-9：施工组织设计（专项施工方案）编制审批计划表。
附表 12-10：施工组织设计（专项施工方案）审批表。
附表 12-11：技术交底书。
附表 12-12：大样确定单。
附表 12-13：技术交底执行情况检查记录表。
附表 12-14：施工过程监督检查记录表。
附表 12-15：材料检验台账。
附表 12-16：技术文件总目录。
附表 12-17：有效/失效文件清单。
附表 12-18：技术文件发放台账。
附表 12-19：技术文件签收记录。
附表 12-20：工程验收计量管理台账。
附表 12-21：结算工程管理台账。

附表 12-1　　　　　　　　　　　　**设计文件审核记录**

工程名称		日期	
审核范围			
审核记录： 审核人：　年　月　日			
复核记录： 复核人：　年　月　日			
设计文件交付使用及存在问题上报情况： 项目总工程师：　年　月　日			
存在问题解决情况：（填写获得答复解决的情况，如电子或书面答复文号、时间、答复内容概要、接收人员；问题解决的方式，原文件修订、设计变更等等。） 			
参与人员会签： 			

附表 12-2　　　　　　　　　　　　**工程数量复核台账**

工程名称：　　　　　　　　　　　　　　　　　　　　　　　　　　　　　　日期：

序号	工程名称	单位	合同清单数量	设计数量	实际数量	复核人	审核人	备注

编制/日期：　　　　　　　　　　　　复核/日期：　　　　　　　　　　　　审定/日期：

附表 12-3

图纸发放记录

工程名称：

序号	图纸发放单位	收到图纸编号	图纸作用	签收人	收到日期	发放图纸编号	保存人	收到日期
1								
2								
3								
4								
5								
6								
7								
8								

说明：1. 项目部应至少保存一套最初业主/监理认可的图纸，以便决算/审计时对照。更改图纸涉及到签证的，应发一份给预决算员，给班组发放图纸时也应做好记录。
2. 项目部所有图纸均应填写此单，尤其是项目部局部范围的更改图纸，应在"图纸作用"一栏填写替代原图的编号。
3. 设计部整制的较大范围的更改，应与"更改通知单"对应保存，以便于画竣工图。

附表 12-4　　　　　　　　　　　　　　**图纸会审记录**

工程名称				共___页　第___页		
会审地点		记录整理人		日期		年　月　日
参加人员						
序号	图纸编号		提出图纸问题		图纸修订意见	
1						
2						
3						
4						
5						
6						
7						
8						
9						
建设单位： 年 月 日		设计单位： 年 月 日		监理单位： 年 月 日		施工单位： 年 月 日

说明：1. 所有会审记录均应记录在表内，无意见时，应在"提出图纸问题"、"图纸修订意见"栏内注明"无"。
　　　2. 本表一式四份，由施工单位填写，整理并存一份，与会单位会签各存一份。

附表 12-5

设计文件审核台账

工程名称：

序号	设计文件名称	审核记录编号	问题处理方式						设计文件是否标识	设计文件是否发放	是否交底	施工情况	备注
			图纸会审	会议纪要	工程联系单/洽商单	设计交底	设计变更通知单	变更图					

附表 12-6

变更设计动态管理台账

工程名称：

序号	变更申请号	变更理由及依据	变更内容	增减工程数量	上报监理日期	监理批复日期	监理审核情况	上报设计日期	设计批复日期	设计审核情况	上报业主日期	业主批复日期	业主审核情况	业主批复文号	备注
合计															
总计															

附表 12-7   放线验收单

工程名称：			验收时间：
施工员：	班组：		验收人：
放线区域：			

放线内容及验收标准（根据放线交底内容进行验收及方案调整措施，可附图或照片）：
本项目为了更好地提高放线质量，提高放线准确率和使用率，采用细部放线，打印机打印 1∶1 图纸现场粘贴的方法提高效率，正常放线采用彩色放线，具体内容如下：

◆ 结构外边线、铺装外边线采用黑色。

◆ 水电管线放线：采用红色。

◆ 乔灌木、地被放线：采用绿色。

◆ 细部放线要求详见项目部现场黏贴的深化图纸

验收意见：

放线人：

验收人：

附表 12-8　　　　　　　　　　　　**复核测量管理台账**

工程名称：　　　　　　　　　　　　　　　　　　　　　　　　　日期：

序号	复测项目	计划复测时间	实际复测时间	成果书编号	成果书批复状态				是否交底
					项目经理部	监理	甲方	区域工程部	

附表 12-9

施工组织设计（专项施工方案）编制审批计划表

工程名称：

序号	名称	编制人	复核人	计划完成日期	实际完成日期	计划审批层次				备注
						项目经理部	监理	业主	公司	

说明：审批层次填写时，在需要审批的单位相应表格中填 "√"。

编制/日期：　　　　　　复核/日期：　　　　　　批准/日期：

附表 12-10   施工组织设计（专项施工方案）审批表

工程名称		编制日期	
类别	施工组织设计□ 专项技术方案□	附件页数	
专项技术 方案名称			
申报简述： 编制人（签字）：　　　　　　项目经理（签字）：　　　　　　日期：			
审核意见：（可附页） 区域经理（签字）：　　　　　　日期：			
审核意见：（可附页） 工程部经理（签字）：　　　　　　日期：			
审批意见： 总工程师（签字）：　　　　　　日期：			

附：施工组织设计/专项技术方案。
说明：1. 施工组织设计/专项技术方案要按公司管理要求，由项目部编制，交公司相关部门审核、批准。
　　　2. 经公司审批的施工组织设计/专项技术方案按行业管理规定提交甲方、监理或相关部门审批后实施。

附表 12-11　　　　　　　　　　　**技术交底书**

工程名称：	施工班组：

交底部位（填分部/分项/作业楼层/作业面）：

交底内容：　　　　　　　　　　　　　　　　　　　交底日期：　　　年　月　日
　　开始施工的条件：

　　施工的工艺流程和前后工序的交叉施工：

　　常规施工工艺的依据和技术要领：

　　特殊的施工工艺（有别于常规施工要求的或采用"三新"的）：
□ 按小样　　□ 制作小样　　□ 按说明书

　　隐蔽（中途）验收的质量要求（填标准编号和页码）：＿＿＿＿＿＿＿＿＿＿＿＿＿
　　工序验收
1. 方法和检查人：□ 自检，由＿＿＿＿＿＿＿＿＿＿负责；
　　　　　　　　　□ 交接检，由＿＿＿＿＿＿＿＿＿负责；
　　　　　　　　　□ 专职检，由＿＿＿＿＿＿＿＿＿负责。
2. 质量标准（填标准编号和页码）：＿＿＿＿＿＿＿＿＿＿＿＿＿＿。
允许偏差和检验方法：

　　本工序的预防措施：

交底人（施工员）：　　　　　（安全质检员）：　　　　　接受人（现场班组长）：

接受人（作业班组、工人全体成员，可签反面）：

说明：1. 本表单由施工员、安全质检员根据现场具体情况，在分项工程开工前按要求逐项填写。
　　　2. 同一工种多个班组、一个班组施工不同的分项工程都必须分别手写交底。
　　　3. 如结合照片、教学光盘、通病等进行技术交底，应在对应栏目中列出有关内容的目录。
　　　4. 同一组交底后新进人员应由施工员将本表内容复述后，新进人员在"接受人"栏内签字并注明日期。
　　　5. 结合当地情况，如需用当地表单进行交底的（内容参考此表单），此表单可不做。

附表12-12

样板段确定单

工程名称：　　　　　　　　　　　　　　　　　　　　　　　　　　　　　　日期：

序号	样板名称	施工单位/班组	完成时间	技术要求及附图	成本要求	面积
1						
2						
3						
4						
5						
6						
7						
8						
9						

项目经理：　　　　　　　　　　　　　　　　　　　　　　　　　　　　　　施工主管：

说明：1. 本表适用范围：未使用过的材料（尤其是异型石材、拼花石材）、工艺和收头，均需做样板确认。
2. 样板确认的目的是要确定工艺过程和最终结果，大样尽可能为1:1实样，并附数码照片。
3. 样板应尽早制作，经项目经理确认。

附表 12-13　　　　　　　　　　技术交底执行情况检查记录表

工程名称：	编号：
本月新开分项工程及交底情况简述：	
交底情况：（分部分项工程或工序作业是否均进行了技术交底，技术交底书编制质量以及复核、签收情况等）	
交底实施情况：（现场执行技术交底情况）	
下步整改措施：	
检查人员：（签字）	

编制/日期：　　　　　复核/日期：

说明：1. 技术交底执行情况每月检查 1 次，宜结合项目经理部每月自行开展的安全质量综合大检查一并进行。
　　　2. 对检查过程中发现的具体问题，按施工过程监督检查记录表填写，作为该记录表附件。

附表 12-14　　　　　　　　　　施工过程监督检查记录表

工程名称：			
受检单位		检查部位	
检查人员		记录表编号	

问题描述：

处理意见：

1. 上述问题的处理要求：□ 进行整改　□ 采取纠正措施　　　　□ 进行整改并采取纠正措施

2. 上述问题的处理限于_____年_____月_____日前进行整改完毕，并将上报（部门），对整改情况验证采取：

　　□ 现场验证　　□ 书面验证

检查人员（签字）：　　　　　　　　　　　　　年　月　日

原因分析：

施工队负责人：　　　　　　　　　　　　　　年　月　日

纠正及预防改进措施：

制定人：　　　　　　　　　　　　　　　　年　月　日

批准人：　　　　　　　　　　　　　　　　年　月　日

验证情况：

验证人：　　　　　　　　　　　　　　　　年　月　日

附表 12-15

材料检验台账

工程名称：

序号	检验日期	生产厂家	规格型号	批号	代表数量	使用部位	报告编号	检验结果	备注

编制 / 日期：　　　　　　　　　　　　　　　　　复核 / 日期：

说明：本表及时登记，按月整理。

附表 12-16　　　　　　　　　　　　　　技术文件总目录

工程名称：

序号	文件名称	档案柜编号	档案盒编号	保管人	备注
合计					

编制/日期：　　　　　　　　　　　　　　复核/日期：

说明：1. 文件名称：指技术文件的类别。

　　　2. 日常记录可以人工手写，建议按月整理形成正式文本，每次应有汇总合计。

附表 12-17

有效/失效文件清单

工程名称：

序号	名称	编号	份数	颁布时间	实施时间	颁布单位	有效状态	备注

附表 12-18　　　　　　　　　　技术文件发放台账

工程名称：　　　　　　　　　　　　　　　　　　　　　　　　　类型：

序号	文件编号	文件名称	份数/页数	经办人	接收单位/部门	接收人	发文日期	备注
合计								

编制/日期：　　　　　　　　　　复核/日期：

说明：技术文件发放按施工组织设计、施工方案、作业指导书、施工调查报告、变更设计、标准规范、设计图纸等类型分类建账。

附表 12-19　　　　　　　　　　**技术文件签收记录**

工程名称：　　　　　　　　　　　　　　　　　　　　　　类型：

序号	文件编号	文件名称	份数/页数	发文日期	发文单位/部门	签收人	备注
合计							

编制/日期：　　　　　　　　　　复核/日期：

说明：技术文件发放按施工组织设计、施工方案、作业指导书、施工调查报告、变更设计、标准规范、设计图纸等类型分类建账。

附表 12-20　　　　　　　　　　　**工程验收计量管理台账**

工程名称：

序号	分项工程名称	单位	清单数量	施工图数量	量差	年　月份			年　月份			备注
						本月计量	开累计量	开累剩余	本月计量	开累计量	开累剩余	
……												

编制/日期：　　　　　　　　　复核/日期：

说明：此表用于对外验收计价管理，可根据合同确定的计量周期整理，每期反映至少反映上期和本期计量情况，每期台账应存留备查。

附表 12-21　　　　　　　　　　　**结算工程数量管理台账**

工程名称：

协作队伍名称（合同号）	序号	里程部位	施工项目	单位	实际数量	年　月份			年　月份			备注
						本月收方	开累收方	开累剩余	本月收方	开累收方	开累剩余	

编制/日期：　　　　　　　　　复核/日期：

说明：1. 实际数量为设计图纸或其变更文件复核后的工程数量。
　　　2. 此表用于对内收方结算管理，可根据合同确定的结算周期整理，每期应至少反映上期和本期收方情况。每期台账应存留备查。

第 4 篇
商务与成本管理

第 13 章　项目商务策划

13.1　项目商务策划定义和作用

（1）项目商务策划是指在工程投标、合约谈判、施工管理、竣工结算过程中，针对工程项目的具体特点，在符合相关法律、法规及企业管理制度的条件下，通过开展各项商务活动对工程项目实行精细化管理，以达到项目管理效益最大化和风险最小化目的的管理策划。

（2）项目商务策划是规范项目从承接到竣工结算全过程商务活动的有效手段，是提高项目盈利能力的重要保证措施。

13.2　项目商务策划核心

项目商务策划围绕"两线""三点""四阶段"开展工作（表 13-1）。

项目商务策划核心 表 13-1

策划核心	两线	化解风险、降本增效
策划内容	三点	盈利点、亏损点、风险点
策划阶段	四阶段	投标、签约、施工、结算阶段
策划目的		实现企业利润最大化，项目风险最小化，达到利益相关者（甲方、分包分供、员工、其他）利益最大化
策划原则		整体策划，动态管理，阶段调整，重在落实

13.3　项目商务策划的管理职责

（1）各区域工程管理部经理是项目投标阶段和签约阶段的第一责任人。各工程管理部所属人员在部门经理及投标部经理的统一安排下，具体负责投标阶段和签约阶段商务策划的编制工作，并对项目施工阶段与结算阶段商务策划进行过程审查、动态管理、督导考核。

（2）项目经理是项目施工阶段和结算阶段商务策划的第一责任人。

（3）项目经理部负责商务策划的实施工作，项目经理具体负责项目经理部的商务策划管理。商务策划实行全程动态管理，阶段调整，项目经理部每月需填报商务策划动态管理表。

13.4　项目商务策划的编制

（1）各区域工程管理部经理负责投标阶段和签约阶段商务策划，拟定的投标项目的商务经理、项目经理可参与投标阶段、签约阶段的商务策划。

（2）项目负责编制施工阶段商务策划和结算阶段商务策划。

（3）项目商务策划编制依据为：工程承包合同、招投标文件、有关法律法规文件、公司管理制度、各分供方合同、市场信息等。

（4）项目经理部应成立商务策划小组，项目经理部主要管理人员进场后14天内，编制完成施工阶段商务策划书并报公司成控部审核。对工期紧、合同签订滞后或三边工程的项目，可进行分段策划。项目结算策划可以在完工前1个月完成编制工作。

（5）项目商务策划书需统一采用公司"项目经营分析报告（示范文本）"（参见附表15-7）。

13.5 项目商务策划的审批

施工阶段的商务策划、结算阶段的商务策划由项目经理牵头组织，相关部门参与，驻场预算员在项目经理及区域成本负责人的指导下负责具体编写工作，经项目经理审核后，报公司评审，经评审后实施。

13.6 项目商务策划的主要内容

13.6.1 投标阶段商务策划的主要内容

（1）投标阶段的商务策划需要了解包括投资方、发包方、咨询机构、招标管理机构、当地市场、竞争对手等在内的详细情况，制定投标策略。

（2）投标阶段的商务策划主要工作包括研究招标文件，掌握工程所在地市场行情，测算工程成本（投标测算），明确项目盈亏点，利用报价编制说明技巧以及不平衡报价等手段为中标后调整造价埋下伏笔，列出并分析数种报价方案供决策层参考。

13.6.2 签约阶段商务策划的主要内容

（1）签约阶段商务策划侧重项目风险识别和防范，重点分析合同风险和清单风险。

（2）在合同谈判时制定对策予以防范和化解。

（3）签约阶段商务策划主要在于认真分析承包范围、计价及承包方式、价款调整方式及范围、价款支付方式、工程结算审核程序及审核时限、工期与质量违约等条款，制定合同谈判策略。

13.6.3 施工阶段商务策划的主要内容

（1）项目盈亏子项分析、责任成本分解、成本管控策划、"二次经营"策划、分包管理策划、风险二次识别和防范、项目资金策划、关系协调策划、商务策划动态管理。

（2）项目盈亏子项分析。通过项目施工图预算与合同收入对比。重点分析投标清单的盈利子目、亏损子目、量差子目，制定相应措施方案。

（3）项目成本控制指标分解。将内部成本控制指标分解到各岗位，明确责任人，签订项目成本目标横向管理责任状，强化内部成本管理，确保项目成本过程受控。

（4）项目成本管控策划。通过加强内部管理，优化资源配置，在成本测算的基础上，通过技术变更、方案比选或内部控制手段，运用价值工程理论达到成本降低的目的，包括合理的工序减免或工序优化、税费策划等。

（5）项目"二次经营"策划。通过对合同价款的调整与确认、材料的认质认价、合同外工作的签证、总包管理费的收取、甲指分包的管理、工程量量差的争取、方案设计的优化、政策性调整费用的取得、施工方案的变更、新增子项的重新组价与索赔等一系列工作的分析与研究，确定"二次经营"工作的方向与切入点，制定详细方案，明确目标、责任分工、时间节点及具体措施。

（6）分包管理策划。根据总包合同条件，结合企业自身实际，选择合适的管理模式，将投标价与分包价对比分析，制定相应方案与措施。

（7）风险二次识别和防范。在投标阶段已识别项目风险的基础上，项目经理部应对风险进行二次识别，根据风险因素影响程度的严重性逐一确定风险对策（包括风险回避、风险转移、风险消除、风险自留等），明确责任人，过程中积极实施，落实实施效果，有效规避各类风险。

（8）项目资金策划。结合施工组织设计以及各项资源配置方案，测算出各阶段工程回收款、资金投入时点和投入量、履约保证金回收时点等；制定合理可行的执行方案，平衡项目收支，并根据目标要求和环境变化对方案进行修改、调整。

（9）关系协调策划。施工阶段根据各岗位工作性质和需要，进行分工合作，建立全方位、多层次的关系协调网络。

（10）商务策划动态管理。商务策划实行全过程动态管理，监督策划落实情况，并制定后期相应措施。

13.6.4　结算阶段商务策划的主要内容

（1）收集和整理结算资料，确保所报资料前后呼应，真实有效。

（2）主要工程量和单价策划、针对结算中可能存在争议问题的策划、结算工作安排、工程量结算目标、结算人员对接策划。

（3）结算书报出前，必须锁定分包结算值，全面核实项目发生的实际成本，完成保本保利分析，确保所有确认后的工程成本不增加。

（4）落实结算目标成本、结算确保值、结算报出时间、结算一审完成时间、结算二审完成时间、结算责任人，并在此基础上签订结算责任状，制定结算奖罚措施。

13.7　项目商务策划的要求

（1）项目商务策划必须贯彻实质重于形式的原则，是项目施工过程中商务管理纲领性文件。

（2）项目经理部负责对商务策划实施过程实行动态管理，当条件或环境等因素发生变化时，应及时对原商务策划书进行调整并经审批后实施。

（3）工程完工后，各岗位应对其分管的成本指标实施结果进行书面小结，总结其得失情况及原因分析。

第14章 合同管理

14.1 合同管理原则

14.1.1 范本一致原则

除建设方或合同备案主管部门有特殊要求外，应按公司发布的合同示范文本拟定合同，未经上级管理部门许可，不得擅自更改范本的主要条款。

14.1.2 分类管理原则

根据合同的性质，将合同分为施工合同、专业分包合同、劳务分包合同、买卖合同、其他合同等进行分类管理，确定主管部门。

14.1.3 评审先行原则

各类合同在签订前按照本管理办法和公司的相关规定进行投标评审和合同评审（附表14-1）。

14.1.4 统一编号原则

凡以公司名义签订的建设工程施工承包合同及其他重要合同由公司行政部对合同统一进行编号管理，根据编号建立相应的台账。

14.1.5 动态监控原则

公司、区域工程管理部、项目经理部的相关部门根据相应的职责，对合同履行情况进行监督管控，并按规定的时间逐级上报动态监控的情况。

14.2 合同管理职责分工

1）公司成控部是项目合同管理的主责部门，对合同的谈判、起草、评审、签订、修订、资料管理、全面履行及合同目标的实现承担相应责任。负责指导、监督、检查项目经理部的对各类合同的具体履行。

2）项目经理部主要负责各类合同的实际履行，应指定专人管理合同，并上报所属区域工程管理部。项目经理部合同管理职责包括：

（1）被授权范围内合同的评审及上报；

（2）按合同约定完成各项相应工作；

（3）分类建立合同管理台账；

（4）收集、整理、保管各类合同资料；

（5）按要求对合同履行情况总结、上报、评审。

3）项目预算员是项目经理部劳务分包、专业分包、物资采购合同管理工作的主责人员，负责建设工程施工合同履行的综合管理

14.3　合同评审和签订

14.3.1　合同评审

订立合同前，必须通过合同评审，对下列情况作出客观判断：主体资格是否真实、合法，资信情况是否全面、可靠，是否有履约能力，合同的预期目标，合同存在的预期风险、防范风险措施的可行性，合同条款的严谨性、规范性、合法性，与招标文件相比的一致性等。对于分包合同，还应掌握分包方是否在合格分供方名册内，各种应提供的资料是否齐全。

14.3.2　公司的合同评审

公司对本单位承揽工程组织合同评审，标的额 1000 万元（含）人民币以上的合同评审由公司总经理主持；1000 万元人民币以下的合同评审由公司主管领导主持；标的额不明确但涉及合作、投融资等经济活动的协议等由公司总经理主持，其他由主管领导主持。

14.3.3　项目经理部的合同评审

项目经理部对项目所涉合同的评审应取得所在公司的授权，由项目经理部成立合同评审小组进行评审，项目经理任组长，小组项目经理部其他相关人员对拟签订合同进行评审，分析评审合同可行性、经济性、适宜性、合法性，形成书面评审意见，各参与评审人员对合同签订同意与否意见要明确。

14.3.4　合同签订前的审批

合同在完成评审并经公司各职能部门审核批准后，应根据有关规定按程序申请用章；严禁擅自用章签订合同。严禁公司所属区域工程管理部及项目经理部以各自名义擅自签订各类补充合同。

14.3.5　合同签订

（1）为抵扣增值税及合法性需要，签订各类与总承包合同相关的其他合同时，合同的主体应按规定保持一致；

（2）签订合同时，原则上应当让签约对方先行签字盖章，或者双方同时签字盖章；

（3）签订两页以上的合同需加盖骑缝章；

（4）严禁将仅有本公司签字、盖章、无合同具体内容的合同末页，交、寄给对方签字盖章；

（5）严禁向对方出具盖有本公司印章的空白合同书。

14.3.6　合同台账管理

公司成控部应按月更新合同签订台账。严禁合同签订后不入台账。

14.4　合同交底及履行

14.4.1　合同交底

（1）合同签订后，应由了解合同签订背景、熟知合同条款的主责部门或主责部门对具体履行合同的部门进行合同交底。

（2）接受交底的部门应分解任务目标，落实责任人。

（3）交底内容包括合同关键内容的解释及说明、签约背景双方争议的焦点及履行时应注意的问题。

14.4.2　合同履行

（1）合同生效后应全面履行，合同的履行以项目经理部为主，其他相关部门予以配合；项目经理部应组织有关人员于每月末对工程项目的合同履行情况进行分析，对于存在的问题，制定相应措施，积极改进落实并做好记录，作为主要内容列入项目经理部月度报告并上报公司。

（2）对于列入公司重点监控的合同，应按要求填报"合同履行风险动态监控月报表"（附表 14-2）。

（3）工程具备竣工验收条件后、正式移交之前，应就施工合同总体履行情况进行履约评审。

14.4.3　合同变更、转让、解除

合同履行期间发生变更、转让、中止、终止、解除情形的，应及时与对方达成一致意见或通知另一方当事人，签订补充合同或完善相关手续，并按要求及时进行评审和上报。

14.4.4　合同纠纷

项目发生合同纠纷时，应及时报告公司的法律事务机构或主管领导，不得隐瞒和私自处理。项目经理部在收到司法部门或行政执法机关送达的各类法律文书时，应当及时交由公司法律事务机构统一备份或保管，不得滞留。

14.4.5　合同资料的管理

（1）合同资料包括合同签订之前及合同履行过程中涉及的全部文件、来往信函、各类记录、会议纪要、补充合同、标准、规范、图纸、报表、照片、影像、数据电文等与合同相关的一切资料；

（2）区域工程管理部及项目经理部应根据合同资料的性质确定专人分类保管；

（3）区域工程管理部及项目经理部要建立严格的收发文制度，指定专人签收并对与合同有关的各类函件登记和编号；

（4）应在不同时间段按有关规定对合同资料进行归档。

14.4.6　例外管理

项目投标、合同评审、合同签订、合同交底及合同履行过程中，因不可抗力或其他情形导致发生偏离制度、程序、计划、目标和预算的事件，需将事件的起因、经过、可能导致的结果、防范风险的措施向上级主管部门和主管领导及时报告，需特殊审批的，实行例外管理。

14.5　附表

附表 14-1：合同评审表。

附表 14-2：合同履行风险动态监控月报表。

附表 14-1　　　　　　　　　　**合同评审表**

特别提示：中标后，针对合同文本，参与评审人员应根据合同谈判情况在各自的职责范围内提出具体、明确、客观、真实的意见并签名确认。

	评审单位	
	评审主持人	
	评审记录人	
	中标日期	
	评审日期	
合同基本情况	工程名称（1）	
	发包方（2）	
	承包方（3）	
	承包范围（4）	
	工程内容（5）	
	合同价款（6）	
	工期要求（7）	
	质量要求（8）	
	创优要求或计划（9）	

评审意见	成本测算（1）	意见				
		评审部门		评审人		年 月 日
	利润目标（2）	意见				
		评审部门		评审人		年 月 日
	工程款支付（3）	意见				
		评审部门		评审人		年 月 日
	工程款结算（4）	意见				
		评审部门		评审人		年 月 日
	合同价款的确定、调整及承担风险的范围整（5）	意见				
		评审部门		评审人		年 月 日
	固定总价、垫资的风险防范（6）	意见				
		评审部门		评审人		年 月 日
	保函及其他担保（7）	意见				
		评审部门		评审人		年 月 日
	工期、质量方面的风险及防范（8）	意见				
		评审部门		评审人		年 月 日
	安全生产（9）	意见				
		评审部门		评审人		年 月 日
	发包方资金情况（10）	意见				
		评审部门		评审人		年 月 日

续表

评审意见	专业分包及劳务分包的保障（11）	意见					
		评审部门		评审人		年　月　日	
	保修条款（12）	意见					
		评审部门		评审人		年　月　日	
	违约条款及其他防范风险条款的设定（13）	意见					
		评审部门		评审人		年　月　日	
	条款表述的规范性、严谨性（14）	意见					
		评审部门		评审人		年　月　日	
	合同的合法性（15）	意见					
		评审部门		评审人		年　月　日	
	其他方面（16）	意见					
		评审部门		评审人		年　月　日	
分管领导		意见					
		签名		日期		年　月　日	
总经理		意见					
		签名		日期		年　月　日	
备注							

附表 14-2

合同履行风险动态监控月报表

编号	工程名称	工程概况		开工日期		工程款风险		工期风险				变更签证风险						质量、安全等其他方面的违约风险			风险分析及防控措施（内容多可另附页）
		工程规模	合同价款	约定日期	实际日期	应付	实付	约定进度	实际进度	延误天数	甲方批复天数	报送			批准			发包方引起	承包方引起	分包方引起	
												份数	金额	占合同额比例	份数	金额	占合同额比例				

报送单位：　　　　　　　　　报送人：　　　　　　　　　报送日期：　　年　月　日

第 15 章　成 本 管 理

15.1　成本管理概念

成本管理是以施工项目为对象，在保证满足工程质量、工期、安全等合同要求的前提下，通过有组织、有系统地策划、控制、核算和分析等工作，确保项目的实际成本控制在计划目标内的科学管理活动。

15.2　成本要素管控

影响项目成本的主要因素有发包模式与发包价格、材料采购价与消耗量、施工技术方案与资源配置、项目工期与进度安排、质量标准与施工控制水平、施工安全状况、大小临设设置方案与标准、项目外部环境、项目资金支付情况、技术创新能力与应用、项目管理体制与管理水平等，要将其作为成本管控重点。

15.3　成本管理体系

（1）公司是成本管理的管控层，负责研究制定公司成本管理制度，构建成本管理体系，建立和使用项目管理信息平台，组织、检查、督导、协调和监管工程项目成本管理工作。

（2）各区域工程管理部是成本管理的主责层，负责制定项目成本管理实施细则，组织项目经理部开展成本管理工作。组织测定和下达项目责任成本指标，检查指导和监控项目的成本计划、过程控制和核算分析，审批合同、结算等事项，负责对项目经理部绩效考核及奖惩兑现。

（3）项目经理部是成本管理的执行层，负责建立项目经理部的成本管理体系，实行以项目经理为第一责任人的成本管理责任制。参与责任成本测算，落实上级的各项管理制度，分解成本管理目标，具体负责成本计划、成本过程控制和核算分析，确保全面完成上级单位下达的责任成本目标和利润目标。

15.4　成本管理职责分工

项目经理部相关人员根据成本要素的构成，各司其职，做好成本管理的各项工作（表 15-1）。

项目成本管理责任矩阵

表 15-1

序号	成本项目		成本管理工作内容	项目经理	施工主管	安全质检员	预算员	采购员	备注
一	分包成本	1. 分包单价	控制公司限价以外的分包单价的合理性。	★				☆	
		2. 结算数量	控制收方数量，确保其质检合格，计算规范、结果准确		★			☆	
		3. 扣款	控制领料、水电费、罚款等扣款及时、准确		★			☆	
二	材料费	1. 材料单价	控制公司采购范围以外的材料采购单价的合理性	★			☆		
		2. 材料质量	控制进场材料质量符合设计及规范要求		★		☆		
		3. 材料消耗量	控制材料消耗量在成本范围内		★			☆	
		4. 周转料配置方案	控制周转材料配置方案，确保其技术可行、安全、经济合理		★	☆	☆	☆	
三	现场经费	1. 临时设施费	控制临时设施方案，确保其满足生产需要、经济合理。		★	☆			
		2. 管理服务人员工资	控制管理服务人员数量，确保其满足管理要求、适度精简。	★				☆	
		3. 办公费等	控制办公设施配置方案，确保其满足使用要求、尽量节约。	★				☆	
		4. 招待费	控制招待费用量，确保其满足经营需要、尽量节约。	★				☆	
四	技术	技术措施、组织措施等费用	施工方案的经济性		★	☆			

注："★"为主责部门，"☆"为辅责部门。

15.5　成本管理程序

项目成本管理实行六大基本管控程序，即成本测算、成本计划、成本控制、成本核算、成本分析、成本考核。

15.6　成本测算

成本测算分标前成本测算和中标后的责任成本测算两类，中标后责任成本测算过程即为责任成本预算的编制过程。

15.6.1　标前成本测算

（1）在项目投标阶段，提前拟定的项目经理及项目管理团队应参与项目投标报价及施工组织设计的编写工作，报价的同时，应同步进行成本测算，以确定合理的报价，非特殊情况，不得以低于成本价投标。

（2）在进行投标成本测算前，区域工程管理部应组织成本调查与策划。投标阶段的成本测算，由参与投标的各专业人员按公司的要求进行标前调查，区域工程管理部应重点做好成本要素调查工作，并将其作为标前成本测算的依据。

15.6.2　中标后的责任成本测算

中标后的责任成本测算又称责任成本预算的编制，是在项目中标后，公司成本管理相关部门测算责任成本，或拟定实施的项目经理部测算责任成本报公司成控部审核后确定。

（1）责任成本预算的编制依据应包括：建设施工合同、施工图、公司指导价（或投标限价）、施工调查报告、项目管理策划书、实施性施工组织设计和施工方案、主要材料采购、周转材料租赁、机械设备租赁市场调查价、公司自有周转材料和机械设备折旧的有关规定等。

（2）责任成本预算应在施工图预算的基础上编制和测算。对于不具备编制施工图预算条件的项目，可先按投标清单测算、编制，并下达责任成本，但在施工图收到后，必须严格按规定时间完成施工图预算，并按施工图预算调整责任成本，禁止简单将投标清单（与甲方核对过的清单除外）作为施工图预算并以此进行过程成本核算及考核等一系列经济工作。

（3）责任成本预算的工程数量采用施工图数量、施工组织设计和施工方案确定的措施数量。工、料、机消耗量根据定额确定，定额缺项时，根据施工图和施工规范要求进行分析补充，结合现场实际进行调整。各种资源单价在施工调查的基础上结合企业价格体系限价确定。

15.6.3　施工图预算的编制

（1）施工图预算的编制，应遵循量价分离的原则，以招标文件约定的工作内容为依据，以施工图为工程量计算依据，按合同计价原则形成预算书。

（2）清单计价的项目，施工图预算应包含分部分项清单、措施费、规费、税金、单价分析表、工程量汇总等；定额计价的项目，施工图预算应包含定额直接费部分、工料机与价差汇总表、取费部分、工程量汇总表等。工程量须分层、分工作内容汇总，并保留好计算底稿。

（3）工程施工过程中发生设计、施工方案等变更后调整预算由项目经理部在收到书面通知单后，一周内完成变更预算的编制。

（4）对于图纸齐全的项目，要求项目在收到施工图纸的一周内必须完成施工图预算书的编制工作；对于施工图分段下发的项目，应在上述规定时间内分阶段完成施工图预算的编制工作；并填报"施工图预算与工程量清单数量对比表"（附表 15-1）。

15.6.4　责任成本预算的审批与下达

完成项目责任成本预算后，经公司及项目管理团队协商无误，报公司领导审批后下达，作为项目管理目标责任书的组成部分，由项目经理部付诸实施。

项目管理目标责任书中应明确项目责任成本、利润、现款上缴及安全、质量等各类指标。由公司总经理代表公司与项目管理团队（或项目管理团队代表）签订，原则上开工后1 个月内必须完成公司与项目责任书的签订工作。对于施工过程发生重大合同价款调整的项目，公司可以结合实际情况对责任成本指标进行调整。

15.7　成本计划

成本计划是项目经理部对公司下达的责任成本进行分析，并结合项目管理策划书、实施性施工组织方案等内容编制项目经理部的成本计划控制目标，包含责任成本分解及项目成本计划的制定。

15.7.1　责任成本分解

公司下达责任成本预算后，项目经理组织相关人员以分部分项工程为单位进行分解，作为责任成本控制的标准和拟定项目成本计划的基础。

15.7.2　成本计划的编制

成本计划是项目经理部在责任成本分解的基础上，确定内部成本计划控制目标的依据。成本计划的编制依据为审定的实施性施工组织设计，经过市场调研、分析、比较、论证和测算后，编制"项目成本控制及措施计划表"（附表 15-2），明确各项成本要素能够达到的最大降低额、降低率及责任部门（或责任人）。

责任成本分解及成本计划应以项目岗位责任书的形式下达到各岗位。

15.8　成本控制

成本控制是项目经理部在项目实施过程中，对于构成项目成本的各类要素，按责任成本分解及成本计划中的目标进行控制的一系列活动。成本控制的前提是明确项目经理部各部门、各岗位的职责与权利，本着全员参与、全过程管理、开源与节流相结合的原则进行动态管控，管理工具参见"合同成本与项目责任成本对比表"（附表 15-3）。

15.8.1 劳务（专业）分包队伍的确定与分包价格的控制

分包项目统一由公司组织招标，对于纳入公司公布的合格分包方名册中的分包队伍有资格参与投标报价，并经公司评标小组评审后确定中标劳务（专业）分包单位。

劳务（专业）分包价格的控制主体为区域工程管理部应在公司分包指导价的基础上，根据项目具体情况发布本公司的分包限价，分包单价应严格控制在分包限价内。对于超出限价的分包单价应按相关规定办理逐层上报、审批手续后，方可签订分包合同。劳务分包中涉及零星用工的应在合同中明确用工单价，在施工过程中要严格控制用工数量，未经区域工程管理部经理审批的零星用工，不得纳入分包结算。

15.8.2 材料采购价与消耗量的控制

项目经理部应加强材料的计划、采购、验收、领用、消耗、核算等各环节的管理。对用量大、规格单一的大宗物资实行招标采购，集中供应。实行限额发料制度，加强材料核算，定期清查盘点。加快项目周转材料的周转次数，降低周转材料成本。

材料消耗量应在实施过程中逐步收集整理，形成企业内部的消耗量标准。现场材料消耗量的控制应优先采用企业内部的消耗量标准，没有内部标准的，应保证不高于当地最新颁布的定额消耗量水平。

15.8.3 施工方案的优化

贯彻"方案决定成本"的指导思想，科学制定施工方案，优化施工工艺，合理配置资源，以技术经济比选为前提，综合项目工期、进度、质量等因素来确定最优施工方案。

15.8.4 现场管理费的控制

区域工程管理部组建精干高效的项目经理部，人员定岗定编，制定现场管理标准，严格控制现场管理费支出。

15.8.5 税费控制

项目应研究当地税收优惠政策，做好退税和增值税抵扣等工作；研究各地工伤保险等政策，合理缴费、退费，积极维护企业经济效益。

15.9 成本核算

15.9.1 成本核算的概念

成本核算是指项目经理部定期针对施工过程中所发生的全部费用支出与公司下达的责任成本（或项目编制的成本计划）进行对比分析，找出差异，确定项目当前盈亏情况的过程，详见"项目成本核算表"（附表15-4）。

15.9.2 成本核算的要求

（1）项目成本核算由项目经理组织，应保证每月进行一次，在次月5日前完成，并将成本核算资料作为项目经济活动分析的重要组成内容。

（2）项目成本核算应及时确认收入，准确归集成本。成本核算必须坚持实际收入与实际成本"同步"的原则，项目各项成本费用的支出口径必须与收入（或责任成本）口径一致。要逐项核算劳务分包费、材料费的量、价节超原因，严格划清已完工程成本与未完工程成本的界限，确保核算结果能真实反映项目实际情况。

（3）成本核算资料应作为项目基础管理资料及时留存书面文件，并报公司成控部归档备案。

15.9.3　成本核算的内容

15.9.3.1　工程收入的确定

项目预算员在每月度末 25 日按施工员提供的实际施工进度，编制内部验收计价，作为当前工程收入，并按人工费、材料费、机械费、其他直接费、间接费、其他费用、税金费用分劈。同时依据公司下达的责任成本指标确定责任成本，报公司成控部审核后，由公司主管领导审批。

15.9.3.2　工程成本的确定

（1）劳务分包费。是指从事现场施工的劳务分包队伍费用。每月末 25 日前，由劳务分包队伍申报验收，由项目施工员验收，项目预算员审核确认后，出具劳务分包结算单或预结算单，公司成控部审定后报公司财务部。

（2）专业分包费。是指从事现场施工的专业分包队伍费用。每季度末 25 日前，由专业分包队伍申报验收，由项目施工员验收，项目预算员审核确认后，出具专业分包结算单或预结算单，公司成控部审定后报公司财务部。

（3）材料费。包括原材料、辅助材料、结构件、零件、半成品、周转材料的摊销及租赁费等。每月末 25 日前，由项目物资相关人员负责提供材料采购、点收、发料台账及"项目经理部资金台账"（附表 15-5），并牵头组织项目预算、技术等相关人员完成未使用的材料及半成品的盘点工作，并出具与工程进度一致的材料使用资料（如材料采购单及盘点确认资料等），公司成控部审定后报公司财务部。

（4）其他直接费。包括材料二次搬运费、施工用水电费、检验实验费、冬雨季施工增加费、夜间施工增加费、生产工具用具使用费等。由成控部依据有关部门报送的资料及项目实际发生费用进行审核后报公司财务部。

（5）间接费。包括项目管理人员工资及附加、奖金、工资性补贴、办公费、差旅费、低值易耗品摊销费、固定资产使用费、工程保险金、排污费、保修费、施工许可证办理等各种政府性费用。由人力行政部依据有关部门报送的资料及项目实际发生的费用进行确定后报公司财务部。

（6）税金。按符合国家税法相关规定，应缴并实际缴纳的各项税费计入税金成本，包括抵扣已提交并通过认证的进项税后的应交增值税及相关附加税费等。

15.9.3.3　成本核算结论

项目成本核算的结论即为责任成本收入与实际成本之差，大于零，表明项目实际成本控制在责任成本（或计划成本）内，项目预期利润目标可以实现；小于零，表明项目实际成本大于责任成本（或计划成本），项目预期利润没有实现，项目存在无法完成公司下达责任成本的风险。

15.10　成本分析

15.10.1　成本分析的概念

成本分析是项目经理部针对成本核算结果，找出核算期内项目实际成本与公司下达责任成本（或项目经理部的成本计划）之间的差距，分析原因并提出下阶段应对措施的过程，是成本核算结论确定后的一项重要的分析工作，详见"项目成本费用情况分析表"（附表 15-6）。

15.10.2　成本分析的组织

成本分析应由项目经理组织，主要分析实际成本与责任成本（或计划成本）的偏差情况，严格划清已完工工程成本与未完工程成本的界限，通过成本分析查找管理薄弱环节，制定整改措施。

15.10.3　成本分析的要求

项目成本分析应与成本核算同期进行，成本分析资料应为书面资料，与成本核算资料一并作为项目基础管理资料留存，并按时报公司成控部归档、备案。

项目成本分析的内容应包括不限于以下内容：承担的成本指标是否完成或超额完成，是否按成本计划控制目标进行了有效的监控，是否按规定及时进行了成本核算与分析，并将相关书面资料提交公司，成本计划确定的目标是否实现。

项目成本分析要形成工作成果，如"项目经营分析报告"（附表 15-7），"主材询价对比表"（附表 15-8）。

15.11　成本考核

15.11.1　概念

成本考核是指公司对项目管理团队在年度末或项目竣工后，按项目管理目标责任书中的有关规定，对项目进行考核的过程。公司对项目责任成本的考核，是确定项目管理团队年度绩效及项目完工后最终绩效的重要依据。

15.11.2　成本考核

成本考核分年度责任成本考核和期末责任成本考核两部分。

15.11.2.1　年度成本考核

年度成本考核是指公司经成控部部门牵头组织财务等其他相关部门，在年度末对项目进行成本核算，确定成本及利润情况的过程。是公司对项目管理团队进行年度绩效考核的重要依据之一。

15.11.2.2　期末成本考核

期末成本考核是指工程竣工后，由公司成控部牵头组织财务、审计等其他相关部门，依据项目管理目标责任书，对项目整个施工期内各项成本指标完成情况进行考核，是确定项目管理团队最终绩效薪酬重要依据之一。

期末成本考核的前提是竣工结算确认、分包结算全部完成及项目成本封账，任何一项工作未完成的，不得开展期末责任成本考核工作。

15.12　项目成本检查及预警

（1）公司由审计小组牵头，按照公司"四不两直"原则（不发通知、不打招呼、不听汇报、不陪同接待，直奔基层，直插现场），对公司重大项目进行不定期抽查与督导，发现问题及时向项目及所属区域工程管理部经理提出整改要求，并限期反馈，跟踪项目整改情况。

（2）项目开工后，由公司分管领导带队，定期组织相关部门进行责任成本检查，发现问题及时纠正并提出整改要求。情况严重的，公司组织工作组进驻现场帮助进行成本分析并督促整改。

（3）对于施工组织不力、管理不善等原因造成项目实际毛利率低于下达目标毛利率的一定比例时，公司将对项目发出预警通告，并督促项目经理部查找原因，提交分析报告及整改措施上报公司。

15.13　成本管理信息系统应用

新开工项目全面推行公司成本管理信息系统。公司要以工程数量、主要材料、周转材料等数量总控为手段，依托成本管理信息系统，加强对项目的审批管理，规范项目合同签订、结算、付款等行为。

15.14　附表

附表 15-1：施工图预算与工程量清单数量对比表。
附表 15-2：项目成本控制及措施计划表。
附表 15-3：合同成本与项目责任成本对比表。
附表 15-4：项目成本核算表。
附表 15-5：项目经理部资金台账。
附表 15-6：项目成本费用情况分析表。
附表 15-7：项目经营分析报告。
附表 15-8：主材询价对比表。

附表 15-1　　　　　　　　施工图预算与工程量清单数量对比表

工程名称：

序号	项目编码	工程名称	清单项目特征描述	计量单位	清单工程量	施工图数量	量差

编制		审核		批准	
时间		时间		时间	

附表 15-2　　　　　　　　　　项目成本控制及措施计划表

工程名称：

序号	费用名称		针对责任成本拟采取的主要措施及成本降低情况分析	责任成本（元）	计划成本（元）	降低额（元）	降低率（%）	责任部门（责任人）
1	劳务分包费							
2	材料费							
其中		(1)……						
		(2)……						
		(3)……						
		(4) 周转材料费						
3	机械使用费							
4	专业工程分包费							
5	其他直接费							
其中		(1) 安全措施费						
		(2) 临时设施费						
		(3) 其他费用						
6	间接费							
7	甲指分包配合费							
8	税金							
9	合计							
降低额＝责任成本－计划成本				降低率(%)＝(责任成本－计划成本)÷责任成本×100%				
编制			审核			批准		
时间			时间			时间		

说明：1. 费用名称可根据实际情况调整。
　　　2. 成本控制对象可以采用工程量清单中的分类单项，或者根据工程实际成本构成内容进行分类分析。

附表 15-3　　　　　　　　　**合同成本与项目责任成本对比表**

工程名称：

序号	费用名称	合同成本（元）	责任成本（元）	降低额（元）	降低率（%）	责任部门（责任人）
1	劳务分包费					
2	材料费					
其中	（1）……					
	（2）……					
	（3）……					
	（4）周转材料费					
3	机械使用费					
4	专业工程分包费					
5	其他直接费					
其中	（1）安全措施费					
	（2）临时设施费					
	（3）其他费用					
6	间接费					
7	甲指分包配合费					
8	税金					
9	合计					
降低额＝合同成本－责任成本		降低率(%)＝(合同成本－责任成本)/合同成本×100%				
编制		审核		批准		
时间		时间		时间		

填表说明：1. 费用名称可根据实际情况调整。
　　　　　　2. 成本控制对象可以采用工程量清单中的分类单项，或者根据工程实际成本构成内容进行分类分析。

附表 15-4 项目成本核算表

工程名称：

费用	计量单位	开累合同成本（合同内＋合同外）称			同收开累责任成本（万元）			开累实际成本（万元）			节超分析（开累责任成本－开累实际成本）			备注
		数量	单价	合价	数量	单价	合价	数量	单价	合价	数量	单价	总价	
1 劳务分包费														
2 材料费														
其中 ……														
……														
……														
……														
……														
周转材料														
3 机械费														
4 专业分包费														
5 其他直接费														
其中 安全措施费														
临时设施费														
其他费用														
6 间接费														
7 甲指分包配合费														
8 税金														
9 合计														
当期施工进度：														
当期核算结论：														

说明：1. 表中只列了责任成本与实际成本的对比情况，计划成本与实际成本的对比表可参照本表，以计划成本替换责任成本列。
2. 费用名称可根据实际情况调整。
3. 成本控制对象可以采用工程量清单中的分类单项，或者根据工程实际成本构成内容进行分类分析。

附表 15-5　　　　　　　　　　　　　　项目经理部资金台账

项目经理部资金台账

工程名称_____

建设单位_____

建筑面积_____层数_____

实际开工日期_____

实际竣工日期_____

施工部门_____项目经理_____

施工主管_____施工员_____

安全质检员_____采购员_____

预算员_____仓管员_____

资金台账填写说明

1. 本台账由项目经理按时按实填写。

2. 资金收入明细：应收款含合约价款，签证价款，代扣，代缴款等，合计为本工程的应收款；已收款在摘要一览要注明开出发票或收据的编号。

3. 资金支出——材料供应商：每个供应商要分开填写，应付款含合同金额、补充协议金额，在摘要一览里要说明；已付款在摘要一览里要注明汇票或支票的编号及签收人的姓名，在备注里注明供应商提供发票的编号，并将发票复印件及本台账于工程竣工后移交决算员。

4. 资金支出——公司招采部：应付款按时按公司送货单的数据来填写，在摘要里标明送货单的编号；已付款填写实际已划拨给采购部的款项。

5. 资金支出——零星材料：工地所使用的零星材料单独填写报销单，报销及时记入台账。

6. 资金支出——作业班组（双包）：应付款应含合同价款、补充协议价款；已付款应填写按进度付给作业班组的款项，工程竣工后应将合同复印件连同本台账一起移交决算员。

7. 资金支出——作业班组（单包）：同上。

8. 资金支出——业务、车旅、办公等费用：及时将报销的业务、车旅、办公等费用记入台账。

9. 资金支出——管理、后勤人员工资：每月登记在本项目支出的管理人员、后勤人员（含厨师、清洁工）工资。

工程发包收支概况一览表

工程名称		项目经理	
工程地点			
建设单位		现场负责人	
总包单位		现场负责人	
监理单位		现场负责人	
设计单位		现场负责人	
施工单位		项目负责人	
建筑面积		单方造价	
合同开工日		实际开工日	
合同竣工日		实际竣工日	
合同质量等级		实际评定等级	
起初合同金额			
质保金		质保金到期日	
竣工资料		竣工内检情况	
竣工时间		竣工验收证明书	
资金收入	元	资金支出（材料供应商）	元
资金支出（公司采购部）	元	资金支出（零星材料）	元
资金支出（班组双包）	元	资金支出（班组单包）	元
资金支出（业务、车旅等费）	元	资金支出（管理、后勤人员工资）	元
合计	元	合计	元

资金收入明细

工程名称：						
	年		摘要	应收款 （元）	已收款 （元）	备注
月	日					
			合　计			

资金支出明细——材料供应商

工程名称：				材料供应商：		
	年		摘要	应付款（元）	已付款（元）	备注
月	日					
			合　计			

资金支出明细——公司招采部

工程名称：						
年		摘要	应付款 （元）	已付款 （元）	备注
月	日				
		合　计			

资金支出明细——零星材料

工程名称：						
	年		摘要	付出款（元）	采购人	备注
月	日					
			合　计			

资金支出明细——作业班组（扩大劳务分包）

工程名称：				作业班组：		
	年		摘要	应付款 （元）	已付款 （元）	备注
月	日					
			合　计			

资金支出明细——作业班组（劳务分包）

工程名称：				作业班组：		
年		摘要		应付款（元）	已付款（元）	备注
月	日					
		合　计				

资金支出明细——业务、车旅、办公等费用

年		摘要	报销金额（元）	报销人	备注
月	日				
		合　计			

资金支出明细——管理、后勤人员工资

年		摘要	工资金额（元）	发放人	备注
月	日				
		合　计			

附表 15-6

项目成本费用情况分析表

工程名称：　　　　　　　　　　　　　　　　　　　　　　　　　　　　　　　　　　　　　　日期：

费用名称及盈亏分析	劳务分包费	主要材料费	周转材料	专业分包费		其他直接费	间接费	税金
总体盈亏								
其中	数量							
	单价							
盈亏分析								
下一步具体控制措施								

附表 15-7　　　　　　　　　　项目经营分析报告

_____工程

项　目　经　营　分　析　报　告

项目经理：

编制人：

年　　月　　日

园林工程预算成本及经营分析报告

一、工程概况

工程名称：	
工程地点：	
建设单位：	
景观设计单位：	
深化设计：	

二、合同分析 （插入合同经营策划方案第一部分）

对表中有关栏目作说明

1. 合同总价：_____万元（固定总价）；

2. 合同工期：

3. 合同规定的工程款支付：

4. 合同结算方式：固定总价＋增加费用

5. 合同奖罚条款：

6. 其他需重点关注内容及合同履约风险分析：

（1）施工条件现状；

（2）材料的质量以及施工质量；

（3）工期的要求；

（4）甲方的要求和后续工程情况。

序号	内容	招、投标情况	经营方案	依据
1	合同价款			
2	结算方式			
3	工期			
4	综合费率			
5	人工单价			
6	质量要求			
7	工期违约			
8	付款比例			
9	保修金			
10	保函			
11	承诺书			
12	总包配合费			
13	设计费			
14	采保费			
15	检测费			
16	水、电费			

续表

序号	内容	招、投标情况	经营方案	依据
17	劳保统筹			
18	甲（控）供材			
19	少报工作量			
20	定额含量调减			
21	漏项			
22	其他			

三、 项目预算成本

项目预算成本			
直接费	园林项目预算成本总额		
	人工费		
	材料费		
	机械费		
间接费（包含代扣代缴费用）	措施费		
	规费		
	项目部管理费用		
	公司总部管理费		
	工程垫资费用		
	审计费用		
	税金		
	利润		

序号	工程名称	单位	数量	投标金额	预估金额	差额
清单规定措施项目						
1	环境保护费	项	1			
2	现场安全文明施工措施费	项	1			
3	临时设施费	项	1			
4	夜间施工增加费	项	1			
5	二次搬运费	项	1			
6	大型机械设备进出场及安拆	项	1			
7	混凝土、钢筋混凝土模板及支架	项	1			
8	脚手架费	项	0			
9	已完成工程及设备成品保护	项	1			
10	施工排水、降水	项	1			
11	垂直运输费	项	1			
12	室内空气污染测试	项	1			
13	检验试验费	项	1			
14	赶工措施费	项	1			
15	工程按质论价	项	1			
16	特殊条件下施工增加费	项	1			

197

续表

序号	工程名称	单位	数量	投标金额	预估金额	差额
投标人自行增加措施项目						
	......					
合计						
1	临时设施费用					
2	临时设施搭设费用	项				
3	安全防护费用					
4	消防器材					
5	标识标牌					
6	户外广告					
7	临时用电及易耗品	项				
8	电缆					
9	架空设施					
10	临时用水及易耗品	项				
11	公司形象标识	项				
12	房租水电费					
	合 计					
规费						
1	工程定额测定费					
2	安全生产监督费					
3	总包管理费					
4	劳动保险费					
5	其他需要缴纳规费					
	合计					
	总计					

一般项目普遍发生费用		预计费用比例	预计费用额
管理费用及其他			
1	应缴纳规费、办证费	1.63%左右	
2	施工配合费	2%～3%	
3	设计费或深化设计费	1%～3%	
4	业务费（前期）	0.50%	
5	后勤保障费	0.20%	
6	管理人员工资及分摊	1.0%	
7	审计咨询费	0.50%	
8	项目部管理费	1.5%～3%	
9	公司管理费	5%	
10	垫资利息	6%	
11	税金		
	小计		
特殊情况发生费用			
1	甲方代办费		

续表

	一般项目普遍发生费用	预计费用比例	预计费用额
2	赞助费		
3	样板段		
4	加班，过节费		
5	储存及搬运费		
6	竞赛费用		
7	评优，报奖费		
8	远征费		
	小计	0.25	0.3
	合同金额	预计总成本	
合计			

四、 项目盈亏分析

1. 从经营费用，工程所处地理位置能否共享公司的资源，是否跨年度工程增加来回路费，工程所处区域位置增加房租和整体消费水平，工期上的延误造成整个工程的成本加大等增加费用逐条分析。

2. 从投标报价在税金上的考虑、材料不可预见的增长造成工程费用增加的因素，列举出几种主要材料。

3. 从工艺、工序影响造价方面分析，如苗木是否适地适树，成活率如何，石材的产地、加工、运输，以及损耗情况是否异常。如是固定总价合同就不能按常规考虑等。

4. 从施工难度增加费用，如地面石材铺贴的找平层投标报价和实际现场预估费用；当地的土质对植物种植和养护的影响是否需要采取特殊措施，如客土、改良等。

5. 原投标报价图顶面、墙面等未有的预留以及加固都要造成费用增加部分。

6. 由于投标图纸原因造成部分暂估费用，需要在图纸深化上下功夫的，比如室外软景的园林施工，石材、乔木、灌木各类投标报价等。

7. 项目盈亏点为甲控材料太多。如灯具和室外家具等，占合同总价＿＿＿＿％，致使我司的盈利空间非常小。

五、 项目二次经营预案

序号	二次经营内容	招、投标情况	准备实施的工作	依据来源
1				
2				
3				
4				
5				
6				
7				
8				
9				
10				

对上述表单栏目的解释

示例：

1. 本工程为固定总价合同，在合同的经营上我们只能借助暂时的优势在深化图纸上动脑筋，首先借助我司深化图纸，甲方审批。在深化图纸时考虑材料的选用以及施工方案的改动，借助图纸深化使甲方设计变更，增加施工造价。

2. 对于占工程造价_____％的_____材料的经营，由于现场材料供应由甲方指定分包单位，从目前合同经营状况来看并不是很乐观，能否在上述材料供应上给予我司让利。

3. 其次于第二大项的经营上投标报价为_____万，由于报价都是以投影面积考虑的，在工程量方面是少报的，只能采取设计变更，比如地形起伏大的场地。草坪按投影面积计算，实际铺设面积大大高于图纸面积。

4. 工程的难点为工程款的支付，由于工程款的付款进度严重滞后，造成项目压力很大，为了不影响施工进度申请垫付资金_____万，这又会造成项目费用的增加，只能尽量督促甲方尽快付款，以缓解资金压力。

从二算对比表中可以看出公司所报价位处于_____，项目部需采取_____的策略。虽然项目在二算对比上有点盈利，但是还有很多不可预见的以及不可规避的风险在内，项目部一定要提高一定的警觉，不能掉以轻心，共同努力争取更大的盈利。

预算员：　　　　　　　　　　　项目经理：

区域成本经理：　　　　　　　　区域经理：

　　　　　　　　　　　　　　　　　_____项目部

　　　　　　　　　　　　　　　　　20____年____月____日

附表 15-8

主材询价对比表

工程名称：

日期：

序号	材料名称（按供应商分别单列）	品牌	单位	数量（动态调整）	投标单价	投标合价	初期询价（采购或招标限价）	初期合价	现行询价	现行合价（合同价）

第16章 “二次经营”管理

16.1 “二次经营”概念

“二次经营”是指在项目实施过程中，施工单位以扭亏增盈、增加效益为目标，围绕商务策划的落实而开展的经济、技术管理工作，具体包括：设计优化、变更洽商、工程索赔等。开展“二次经营”工作，应遵循“依法合规”“效益优先”“统筹兼顾”的原则。

16.2 “二次经营”管理体系及职责

1）项目“二次经营”实行三级管理。公司为指导层，区域工程管理部为管理层，项目经理部为执行层。

2）公司负责本办法的制定、实施和完善，负责监督，检查，指导各工程管理部“二次经营”管理工作。

3）各工程管理部负责本办法的落实，制定本单位“二次经营”实施细则，对所属重点项目进行“二次经营”工作交底，监督，检查，指导，协调，推进，考核所属项目“二次经营”工作开展情况，主持项目重大“二次经营”活动。各区域工程部经理是本部门工程项目“二次经营”管理的第一责任人。

4）各项目经理部负责本项目“二次经营”的策划、实施。

（1）项目经理是“二次经营”的第一责任人，负责全面策划、实施本项目的“二次经营”；

（2）项目施工主管和项目预算员协助项目经理开展“二次经营”，施工主管负责组织技术工作，预算员负责组织商务工作。

（3）项目有关人员按照本部门职责，具体负责“二次经营”各项工作。

16.3 项目“二次经营”依据

（1）合同文件（包含招标文件、投标文件、中标函、承诺书等）；

（2）施工组织设计；

（3）变更通知单；

（4）国家有关的法律法规、政策文件等；

（5）合同相关方的往来函件、会议纪要、备忘录等；

（6）经确认的现场报表（包含资源、进度等方面的）；

（7）付款凭证；

（8）分包合同、供货合同、工资单、报价单、结算单、发票、收据等；

（9）其他与二次经营相关的文件和资料（含影像资料）等。

16.4 设计优化

（1）设计优化，是指施工单位以"加快竣工"，"降低工程施工、维护或运行的费用"，"提高竣工工程的效率或价值"等为理由，向建设单位和（或）设计单位提出对工程设计和（或）施工组织进行变更、调整的合理化建议，经认可并实施后可实现自身"扭亏增盈"目的的经济技术活动。

（2）项目经理部开展设计优化，应首先进行经济技术和风险评价，确保设计优化可切实提升项目综合效益，防止因设计优化导致工程安全、质量、进度风险增大。

（3）项目经理部应根据实际情况，以书面或口头等形式向建设和设计单位反映设计优化建议。

（4）"设计优化"须取得建设单位和设计单位的书面确认意见或设计变更通知后方可实施。项目经理部应明确各方责任，完善设计文件，调整施工生产，切实落实设计优化。

（5）设计优化引起合同价格调整的，项目经理部应同时与建设单位进行沟通，明确合同价款增（减）的具体金额，达成补充协议后，现场方可正式实施。

16.5 变更洽商

（1）工程施工过程中，建设单位和（或）设计单位以变更通知等形式对工程设计提出修改，项目经理部应慎重对待，积极开展"变更洽商"，争取良好的经济效益。

（2）项目经理部在接到变更通知后，应及时组织进行经济技术和履约风险评价，全面分析实施变更对工程安全、质量、进度、自身效益和风险管控等方面造成的影响。

（3）项目经理部应根据分析评价结果，及时对变更指示作出书面回应：或提出不能照办的理由（应附依据），或提交因变更引起的竣工时间、合同价格的调整建议，或提交修改的变更建议，在得到建设单位答复前，项目经理部应积极进行沟通协调，并积极表明公司不对因等待洽商造成的延误承担责任。

（4）在建设单位对变更后价格或费用补偿和（或）进度计划、竣工时间的调整等问题作出有效确认前，项目经理部应以组织变更所需的资源需要过程等适当理由，拖延实施，并积极敦促建设单位加紧办理确认手续。

（5）如对变更条件经协商无法达成一致，应上报公司同意，协商变更合同，将上述项目转为建设单位直接发包，以免除公司相应的安全、质量和工期风险，并争取合理的管理费用和利益补偿。

（6）合同外的附加工作或服务及合同约定的材料、设备、分项工程认价项目，可按变更洽商的程序和要求组织实施。

16.6 工程索赔

（1）工程索赔，是指在施工过程中，由于建设单位（含设计单位、监理单位和其他承包商、指定分包商、政府对建设单位的指令行为）未能履行合同约定，或不可预见的物质条件，或异常恶劣的气候条件，或不可抗力等原因，导致工程竣工已受到或将受到延误和（或）招致增加费用，施工单位根据约定的程序，向建设单位要求延长竣工时间和（或）增加调整工程价款的经济活动。

（2）建设单位未能履行合同约定时，项目经理部可索赔工期，因违约导致的损失和增加的费用（指现场内外发生的或将发生的所有合理开支，包括管理费用和类似支出，以下简称"费用"）和合理的利润。

不可预见的物质条件下，项目经理部可索赔工期、因延误导致的损失、因采取处置和处理措施而增加的费用和合理的利润。

异常恶劣的气候条件，项目经理部可索赔工期；如果建设单位要求按原合同约定竣工，项目经理部应要求增加合理的抢工费用。

"不可抗力"情况下，项目经理部可索赔工期，以及减少工程损失、照管和清理现场、修复工程的所有费用，另外已运抵现场的生产设备、材料的损失，应由建设单位承担。不可抗力情况下，施工单位只承担不可抗力导致的自身的施工设备、临时设施和人员的损失和费用。

（3）出现索赔事件后，项目经理部应高度重视，及时采取控制安全、质量风险，有效控制自身的实际成本支出，降低分包商和供货商的违约风险。

（4）项目经理部应认真组织证据收集和资料整理，提前开展经济效益分析和风险评估，并制定详细的协调沟通方案。重大索赔事项，应及时向公司汇报相关情况。经过公司同意后，向建设单位发出索赔文件。

（5）项目经理部应按照合同约定的程序，在规定时间内发出索赔通知、索赔报告等文件。在索赔过程中，项目经理部应与各有关单位加强沟通，恰当提供相关依据和资料，确保资料的合理性和有效性。

（6）若索赔工作久拖不决，项目经理部应及时向公司汇报，宜采取高层谈判沟通的方式加以解决。友好协商不成，经公司同意，项目经理部应及时启动仲裁或诉讼程序。

16.7　组织实施

（1）项目应以"二次经营"工作计划为指导，积极开展"二次经营"工作。应重视合同管理和基础工作，增强自身履约能力，提高现场管理水平，夯实"二次经营"基础。

（2）项目应规范和加强与建设、设计、监理等单位的外联工作。要统一组织，注意分工，协调配合，本着"互利多赢"的宗旨，加强沟通，营造良好的"二次经营"氛围。

（3）项目在施工过程中，应定期召开"二次经营"推动专题会议，沟通工作进展，分析研究存在问题，制定应对措施。

（4）当"二次经营"工作事项与相关单位达成一致意见或协商解决后，应及时完善签证手续，办理验收计价。

16.8　监督指导

（1）项目应对"二次经营"事项中可能存在的风险因素进行详细的研究和评价，重大问题应向公司相关部门和主管领导汇报。项目应按公司的意见和建议给予落实。

（2）公司相关部门，应对各项目的"二次经营"进行检查和指导，应认真审查各项目上报的"二次经营"策划，提出明确的指导意见和建议，对风险较大的"二次经营"事项进行动态的监控管理。

（3）公司主管领导应结合相关部门的意见和建议，及时对项目上报的"二次经营"事项给予批示。必要时，公司应支持、参与项目的"二次经营"谈判工作。

16.9　争议解决

若重要的洽商签证、索赔事项久拖不决，项目沟通无效，应及时向公司汇报，宜采取高层谈判沟通的方式加以解决。友好协商不成，经公司同意，项目可采取暂缓施工、中止合同、申请调解等措施；或经公司同意，启动终止合同、申请仲裁或诉讼等程序。

16.10　资料管理

（1）项目经理部与"二次经营"的相关文件、资料应由专人进行收集、归档和管理。同时确保对甲方和对下签证资料的统一性，班组的签证见"班组签证跟踪情况"（附表 16-1。）

（2）项目经理部应按照合同约定和（或）通用的格式编制"变更设计建议""工程联系单""工程洽商单""索赔通知""索赔报告""会议纪要"等文件、资料。

（3）项目经理部应安排专人起草报合同各相对方的文件。项目经理部发文应规范、准确，依据充分。所有发文和报送资料，须经项目经理审核同意后方可发出。有关设计优化、变更洽商、工程索赔的文件、资料，应经过项目经理、项目施工主管共同审查后方可报送。项目经理应按规定进行签名。报送的文件、资料，项目经理部应要求其他合同相对方相关人员进行签收，并做好记录。

（4）项目经理部应要求建设单位（包括监理、设计等单位）的所有指示，均以合同约定和（或）通用的形式进行传递，并递交项目经理本人或其指定的助手（如项目施工主管或项目预算员）。

16.11　签证事件枚举及相应责任人

签证事件及相关责任人见表 16-1。

签证事件及相关责任人

表 16-1

序号	项目	内容	签证经办及责任人	备注
1	合同范围的变更	甲方增加或者减少合同工作内容，引起相应的费用和工期增加	施工主管	
2	设计变更	由原设计漏项、结构修改、园林施工变更、提高质量等级等	施工主管	

序号	项目	内容	签证经办及责任人	备注
3	技术措施费	合同价中未包括的技术措施费和超越一般施工条件的特殊措施费用	施工主管	
4	甲供材	甲供材料不符合设计要求	施工主管	
5	工程质量	建设单位要求的质量奖项、验收标准及要求获得比合同要求更高的奖项	施工主管	
		工程质量因甲方原因达不到合同约定的质量标准	施工主管	
6	计划任务变更	计划任务变更造成临时人工遣散和招募费用的损失	施工主管	
7	检验、试验费用	设备材料复检及试验费，包括新结构、新材料的实验费、建设单位供应的不带合格证的设备、材料的检验，或建设单位要求对具有出厂合格证明的材料进行检验，对构件进行破坏性试验及其他特殊要求检验、试验费用	施工主管	
		根据设计或工艺要求增加的加工和实验费，如样板段试验的费用	施工主管	
8	工程量量差	固定单价合同形式，图纸工程量与清单工程量差异的调整	项目预算员	
9	材料价差	合同中约定的暂估价材料和专业分包，施工过程中需要甲方进行限价；甲方指定档次或品牌的材料的材料价差	项目预算员	
10	图差	施工图与招标图之间差异的调整，固定总价合同形式项目，工程量的调整，措施费用的调整；固定单价合同形式、预结算制项目措施费用的调整	项目预算员	
11	竣工图编制费	合同约定总承包方提供竣工图，但不是免费提供，而是有偿提供	项目预算员	
12	措施费用调整	合同外工作内容措施费用进行调整，还包括结构改变、功能变化、建筑面积变化、材料替换四个方面措施费用的调整	项目预算员	
13	甲方影响工期	不仅要对措施费用进行补偿，而且由于甲方延误工期导致的人工、主材价格市场波动也要进行调整	项目预算员	
14	政策调整	因国家政策调整和市场价格波动引起的费用增加	项目预算员	
15	返修、加固和拆除	因设计或建设单位等原因，需对工程进行返修、加固及拆除	施工主管	
16	交叉施工干扰增加费	由于建设单位原因造成几家施工单位发生平行立体交叉作业，影响工效，采取措施等发生增加费	施工主管	
17	赶工措施费	由于建设单位要求工期提前，工程必须增加人、材、机等的投入而增加的费用及夜间施工增加费	施工主管	

续表

序号	项目	内容	签证经办及责任人	备注
18	图纸资料延期交付	由于图纸资料延期交付,无法调剂施工的劳动人数,停滞的机械设备的费用	施工主管	
19	停窝工损失	由于建设单位责任(如供应材料、设备、器具未按时供给,指定分包未及时进场,未及时提出技术核定单、计划变更、增加或削减工程项目、变更设计、改变结构、停水、停电、未及时办理施工所需证件及手续等因素)造成的停窝工的	施工主管	
20	机具停滞损失	因建设单位原因,造成施工机具(包括解除车辆运输计划合同损失)停滞费用	施工主管	
21	不可抗力	因不可抗拒因素,自然灾害等造成损失	施工主管	
22	未包括费用	因建设方责任造成的未包括在预算内的费用,如:"三通一平"未能达到设计要求而造成的工期、费用的增加	施工主管	
23	指定分包	建设方指定分包引起的总包和其他分包的损失和工期延误	施工主管	
24	甲方指令	甲方发出错误指令或者前后指令不统一	施工主管	
25	保修	保修期间非承包原因造成返修	施工主管	
26	不能按期提交"建设许可证"	建设单位不能按期提交"建设许可证"等而造成损失	施工主管	
27	其他签证	建设单位临时租赁施工单位的机具	施工主管	
		建设单位在现场临时委托施工单位做与合同规定内容无关的其他工作	施工主管	
		建设单位借用施工单位的工人进行施工	施工主管	
28	甲供材料	甲供材料数量不足	项目预算员	
29	材料积压或不足	由于建设单位中途停建、缓建和重大的结构修改而引起材料积压或不足的损失	项目预算员	
		原材料计划所依据的设计资料中途有变更或因施工图资料不足,以致备料的规格和数量与施工图纸不符,发生积压或不足的损失	项目预算员	
30	材料二次转运	凡属甲方责任和因场地狭窄的限制而发生的材料、成品和半成品的二次倒运,主要指与投标状况不符的情况	项目预算员	
31	银行利息或罚款	甲方未按合同规定拨款或未按期办理结算引起的信贷息或违约金	财务部	
32	保函、保修金	非本公司过错而发包人拒绝或延迟返还保函、保修金	财务部	
33	甲方违约	包括未按合同约定开工、未及时付款、未及时办理结算等	项目全员	

16.12 附表

附表 16-1:班组签证跟踪情况。

附表 16-1 班组签证跟踪情况

工程名称： 日期：

编号	签证/签证内容	签证金额	跟甲方签证情况			备注
			签证编号	上报	收回	

第 17 章 分包结算管理

17.1 项目分包结算

是指项目经理部依据工程专业和劳务分包合同、物资采购合同或其他委托服务合同协议等（以下统称为分包合同），与分包单位、供货商或其他单位或个人单位（以下统称为分包方）进行的合同价款的结算工作，主要包括劳务分包结算、专业分包结算、材料结算。

17.2 职责权限

（1）项目管理团队（项目管理委员会）全面负责项目层面分包结算审核工作；项目经理为项目层面分包结算的最终审核人，项目施工主管对分包方完成工作内容的质量、工期等技术内容进行审核评价，项目预算员负责对分包结算的合理性进行初审。

（2）项目预算员根据各类分包合同及各部门提供的书面意见，负责具体办理分包结算工作，并核定分包方超领限供材料的扣款情况。

（3）项目施工主管核定分包方实际完成的范围和数量，负责提供分包方工期履约情况及专业分包竣工资料移交情况。

（4）项目安全质检员负责提供分包方质量、安全、文明施工履约情况，负责提供分包队进出场记录，临时设施使用等相关情况。

（5）项目仓管员负责核定分包方主要材料消耗量，提供分包方领用材料的扣款情况。

17.3 结算依据

（1）分包结算依据主要包括分包合同及补充协议、施工图纸、设计变更及施工方案、分包工程验收单、现场有效签证单、分包物资材料领用单、扣款资料。

（2）未采用公司统一表格的分包签证或签字不齐全的分包签证，都视为无效的分包结算资料。分包签证格式详见"分包工程签证单"（附表 17-1。）

17.4 结算要求

17.4.1 强化组织管理

项目经理部应高度重视分包结算，强化分包结算准备工作，积极、有序推进结算进程，防范、化解结算风险，避免发生结算扯皮、管理失控及进度款超付等不利情况。

17.4.2　完善结算依据

分包合同是分包结算的主要依据，结算条款必须切实可行，应明确约定结算的时间点、周期及纠纷解决方式，明确约定分包方在分包结算中弄虚作假行为处罚条款，量化分包方在工期、质量、安全、文明施工等方面的违约处罚标准。

17.4.3　规范结算行为

项目经理部应严格按照合同约定办理分包结算。没有签订合同的不结算，超出合同约定价格的不结算，超出合同及补充协议范围的不结算，签订手续不齐全的不结算，质量不合格的不结算。

17.5　结算工作流程

17.5.1　准备工作

（1）在施工过程中项目预算员应及时收集相关结算资料，确保资料完整、真实、有效。

（2）根据分包合同履行情况，项目经理应及时组织、召开分包结算准备会议，布置相关工作。

（3）分包合同履行完毕，项目施工主管应及时组织分包工程的验收及评定。

（4）分包工程验收合格后，项目经理部应及时组织办理分包退场手续。

（5）项目经理部相关人员应根据合同及现场实际情况及时出具书面结算意见。对分包结算的审核及会签是内部程序，由成控部牵头办理，不得由分包商参与。分包结算会签及审核资料属企业机密，在办理过程中不得泄露消息。

17.5.2　编制及审核

（1）项目经理部根据合同约定要求分包方/供方及时提交分包工程量结算审核表（附表17-2）或材料结算审核表（附表17-3）等结算资料。

（2）项目预算员严格按照分包合同约定及相关人员提供的结算意见审核分包结算资料，编制分包结算书。

（3）项目各施工主管复核分包结算书，重点关注分包履约罚款、分包领用总包方材料和小型机具以及水电扣款等。

（4）项目经理应对分包结算进行审核，重点关注量、价、项、费的合理性，杜绝超额结算、重复结算。

（5）项目经理审核分包结算书后，按公司相关规定上报审查批准。项目经理部在报送公司审核时，务必同时报送分包结算工程量、施工图预算量、甲方合同清单量三数对比表。

17.5.3　审查批准及备案

（1）分包结算额由公司相关部门审查，经公司主管领导审批后形成"材料/分包结算单"（附表17-4）。

（2）对于经公司审查无误的，项目经理部负责完善结算签认手续，报公司备案。

（3）对于公司审查发现的问题，项目经理部应在一周内进行整改或澄清。整改或澄清后的结算资料须经公司再次审核无误后，项目经理部方可完善分包结算签认手续，报公司备案。

（4）无特殊情况，分包结算工作应在分包工程完工后2个月内完成。

17.6　其他要求

（1）对于提前终止合同的分包单位，项目经理部在分包方人员和物资设备退场后，方可开展结算工作。

（2）违反合同约定逾期不办理结算的分包单位，项目经理部应书面发函，积极催促。

（3）结算过程中出现较大争议时，项目经理部要及时上报公司，尽量协商解决。

（4）对于拒不结算、恶意讨薪的分包单位，应依据合同及法律规定积极应对，必要时可启动法律程序，以维护企业权益。对于出现上述行为的分包单位，应纳入公司分包方不合格名册，严禁在公司其他项目继续使用。

17.7　资料管理

（1）项目经理部必须建立月度结算和完工结算台账，登记、统计各分包单位的结算完成情况，全面掌握项目分包单位的结算完成情况。

（2）分包结算的相关资料由项目预算员保管，直至项目承包兑现审计完毕。项目承包兑现审计完毕后将相关资料原件装订成册移交公司档案室。

17.8　附表

附表17-1：分包工程签证单。

附表17-2：分包工程量结算审核表。

附表17-3：材料结算审核表。

附表17-4：材料/分包结算单。

附表 17-1 分包工程签证单

工程名称：

施工部位		施工期间/人次	
增加原因、处理措施及施工草图、工程量、单价、时间等：			
分包单位：		施工员（签字）：	
项目经理审核： 签名： 日期：			
招采部审核： 签名： 日期：			
成控部审核： 签名： 日期：			
工程部审核： 签名： 日期：			
副总经理审核： 签名： 日期：			

说明：1. 本签证单只确认所签证的事项属实，是否涉及费用和工期的变更按照有关规定执行。
　　　2. 本签证单只适合于设计变更以外的现场签证。

附表 17-2　　　　　　　　　　　　**分包工程量结算审核表**

工程名称				项目经理			
劳务（专业）分包单位				劳务（专业）分包负责人			

序号	分项子目	单位	数量	初审单价	初审总价	审定单价	审定总价	备注
1								
2								
3								
4								
5								
6								
7								
8								
9								
10								
11								
12								
13								
14								
15								
16								
17								
18								
19								
20								

施工员：　　　　　　　　　　　　预算员：　　　　　　　　　　　　项目经理：

说明：1. 本表由项目跟踪预决算员根据公司规定的日期及时上报。

　　　2. 本表作为人工工资支付的依据，各级管理人员应认真审核，并对签字内容负责。

　　　3. 工作量必须由两人以上核实，否则视为无效。单价应参考公司内部单价和投标价格。

　　　4. 人工单价表为较好质量的单价，未能达标，应调减、调增的需通过公司成控部审定。

附表 17-3　　　　　　　　　　　**材料结算审核表**

工程名称					项目经理		
供货单位					供货单位负责人		
材料名称	规格	单位	单价	数量	套数	合价（元）	备注
合计							

仓管员：　　　　　采购员：　　　　　　　预算员：　　　　　　　项目经理：

说明：本表为项目部对主要材料在结算时使用，应结合材料采购合同一起核对。
　　　结算依据说明：按现场测量，套用合同单价计算。

附表 17-4 材料/分包结算单

工程名称		项目经理	
承包单位		承包负责人	

结算方式：□ 材料 □ 材料含安装 □ 劳务分包 □ 扩大劳务分包

结算依据说明：

承包范围		工程量	
起初合同金额		起初目标成本	
新增签证提报		新增签证审定	
合同金额		目标成本修正	
送审金额		核减金额	
审定金额		已付金额	

是否存在责任漏审

承包人意见：

承包负责人：

总体质量评定：

安全质检员：

仓库借物核算：

仓管员：

材料代付款核算：

采购员：

文明施工·安全核算：

安全质检员：

预算员		成控主管	
项目经理		成控部经理	
区域成控经理		工程部经理	
区域工程经理		分管副总	

说明：按总包人工结算要附："分包工程量审核表"包工包料，材料可由本公司指定品牌及价格。

第18章 对外验收计价与工程结算管理

18.1 对外验收计价

项目经理按合同约定的时间节点及相关要求，牵头组织相关人员进行报量资料准备，施工主管提供月度施工进度应与月度报量匹配，下月进度计划和资源投入要为下月报量打好基础，每月2日前项目预算员应将对外报量完整资料经项目经理审定签字后报送监理、甲方，合同有特殊要求的按合同约定程序办理。

验收计价四个阶段：编制阶段、报送阶段、核对阶段、总结阶段。

（1）编制阶段。对现场实际进度进行盘点，进场原材和半成品进入报量，当月变更签证索赔计入当月工程月报中，支撑性资料要全，材料进场计划、材料进场验收单、材料送检单、隐蔽工程验收单和工程计划等相关资料均需与月报量相匹配，施工图预算不能漏项、漏量，合同外工程内容相对应的措施费增加计入月报中。

（2）报送阶段。按合同规定格式及程序报送，报送前先与甲方沟通，选择报送时机。

（3）核对阶段。分步骤核对，积极与月报审核人员沟通交流；不能让步的坚持不让步，据理力争，抓大放小。

（4）总结阶段：每月进度款审批后进行总结，对进度款申报工作进行动态调整。

18.2 项目工程结算管理

18.2.1 工程结算原则

工程结算是指项目经理部依据工程承发包合同，与发包方进行的工程价款结算。工程结算应坚持"依法合规""效益优先""统筹兼顾"的原则。

18.2.2 职责分工

（1）项目经理部设立工程结算小组，项目经理任组长，施工主管、预算员任副组长，其他人员任组员。工程结算小组负责全面协调各种资源，组织实施工程结算的策划、准备、编制、审查及核对等相关工作。

（2）项目施工主管负责组织工程结算技术资料的编制、审核等工作，并办理工程结算所需洽商、签证的签认，负责在结算核对过程中提供技术支持。

（3）项目预算员负责组织工程结算经济资料的编制、审核和核对工作。负责收集、整理各类工程结算基础资料，编制工程结算书，进行结算核对等。

（4）其他部门负责工程结算相关配合工作。

18.2.3　工程结算依据

（1）工程承发包合同，含补充合同、补充协议等；

（2）工程招投标文件，含中标通知书、答疑及补充材料、承诺书、备忘录等；

（3）工程经济资料，如材料认价单、费用批复文件、变更索赔文件、验收计价资料、工程款支付凭证等；

（4）施工技术资料，如开工文件、施工图纸、变更通知单、图纸会审纪要、经批复的施工组织设计、专项施工方案等；

（5）质量验收资料，如隐蔽工程验收、分部分项工程验收、单位工程验收、单项工程验收或工程整体竣工验收评定资料等；

（6）会议纪要、备忘录、往来函件等；

（7）国家、地方政府或行业等相关部门发布的有关政策、规定、通知或其他文件；

（8）其他与工程结算相关的资料。

18.2.4　工作流程及相关要求

18.2.4.1　准备工作

（1）施工过程中，项目应根据工程进度及时编制、整理工程施工技术资料；对于设计变更、洽商认价、合同外新增等项目，应先定价、后实施，及时验收、收款；对于签证、索赔项目，应及时完善基础资料，加强过程沟通，严格按照约定程序办理签认手续，形成有效结算依据。

（2）工程后期，应尽早与甲方沟通工程结算相关事宜，就资料报送、核对周期、争议调解等问题达成明确意见，防止项目完工后工程结算久拖不决。

（3）完工前 1 个月内，应全面归集项目已发生成本，合理估算后续成本，确定项目预计总成本，明确工程结算底线及目标；客观分析合同履约情况，综合评估风险，确定结算策略，明确结算分工；细致梳理项目工程结算各类基础资料，查漏补缺，及时完善补充。

18.2.4.2　编制及审查

（1）项目预算员应在工程完工后 2 周内编制完成工程结算初稿，做到思路清晰、内容完整、格式规范、详实有效。

（2）工程结算小组应及时审查工程结算初稿，提出审查修改意见，由项目预算员按意见进行调整完善，经再次审查通过后形成项目报审稿。

（3）公司主管领导应及时组织相关部门对项目报审稿进行审查，提出审查修改意见和建议。项目经理部应按意见或建议进行调整完善，填写"结算审批表"（附表 18-1），经公司再次审查通过后形成。

正式结算文件。正式结算文件须在合同约定结算上报期限前完成。

18.2.4.3　提交与核对

（1）项目经理部按合同约定及时提交经公司审查通过的工程结算文件，并办理签收手续，详见"工程结算文件汇总目录"（附表 18-2）、"结算资料签收单"（附表 18-3）、"结算报告"（附表 18-4）。

（2）项目经理部应认真组织结算核对工作。统一领导，明确职责，加强协调，妥善应对，有序推进工程结算。

（3）对于无争议的结算内容，应及时完善签认手续；对于过程中的争议，应权衡利弊，宜以沟通谈判方式解决。结算沟通、谈判中的大额让利，须经公司主要领导批准。

（4）全部结算经合同双方达成一致后，项目经理部应及时完善签认手续，形成结算定案文件。

18.2.5　分阶段结算

（1）分阶段结算一般是指按合同约定，在合同履行过程中对已完的工程内容进行的阶段性结算。分阶段结算有利于施工单位确立债权、防范风险和提升管理。工期较长、规模较大的施工项目，宜与发包方协商，进行分阶段结算。

（2）分阶段结算的工程项目，在过程中加强组织管理和统筹协调，切实做好准备、编制、审查、提交和核对等各阶段工作。

（3）分阶段结算时，应注意对各阶段结算范围和内容的明确界定。

（4）对于阶段结算过程中出现的争议，项目经理部必须及时总结、及时上报。应通过在施工过程中采取有力措施，推动结算进展，防范履约风险，维护合法权益。

18.2.6　风险预警及纠纷处理

（1）项目经理部应强化结算风险预警，加强合同履约分析，把握结算主动权，积极防范结算风险。

（2）工程结算不能按约定完成时，项目经理部应及时上报相关情况。公司应召开总经理办公会，分析原因，研究对策，适时采取书面致函、高层协调、调解、仲裁、诉讼等手段，推进结算进程。

18.2.7　资料管理

（1）项目经理部应加强结算基础资料管理，明确职责，落实制度，确保工程结算资料不丢失、不损毁。

（2）工程结算完成后 1 个月内，项目经理部应将结算定案文件及相关结算资料移交公司统一存档。

18.2.8　奖励

通过工程结算取得超出项目预期效益的项目，公司应按项目利润分配方案规定进行奖励。

18.3　附表

附表 18-1：结算审批表。

附表 18-2：工程结算文件汇总目录。

附表 18-3：结算资料签收单。

附表 18-4：结算报告。

附表 18-1　　　　　　　　　　　结算审批表

日期：

工程名称		项目经理	
工程地点			
建设单位			
类型		施工面积（m²）	
起初合同金额（元）		签证金额（元）	
送审金额（元）		红线审定金额（元）	
目标毛利率（%）		目标净利率（%）	
实际毛利率（%）		预计毛利（%）	
关账成本（直接费部分）（元）		已收金额（元）	
备注			
审批意见			

附表 18-2   工程结算文件汇总目录

序号	资料名称	总份数	页数/份	备注
	第一部分			
1	园建工程决算书			
2	水电工程决算书			
3	绿化工程决算书			
4	园建工程量计算书			
5	水电工程量计算书			
6	绿化工程量计算书			
	第二部分			
1	施工合同			
2	投标报价			
3	施工单位申报表			
4	技术核定单			
5	施工签证单			
6	隐蔽验收记录			
7	园林工程竣工图			
8	水电安装竣工图			
9	绿化工程竣工图			
	合计			

签收人：   送签认：

建设单位：   施工单位：

签收日期：   送签日期：

附表 18-3　　　　　　　　　　　　　　　　**结算资料签收单**

　　××××：

　　我 _____，今收到××××的 _____ 工程完整的结算资料。递交结算造价为 _____。

签收单位（盖章）：
签收人：
签收时间：

附表 18-4　　　　　　　　　　　　　　　　**结算报告**

致：
　　由我司承建施工的 _____ 园林工程于 ___ 年 ___ 月 ___ 日竣工并交付使用，现将本工程结算资料递交贵方，同时向贵方提出结算报告，办理竣工结算。本工程决算造价 RMB _____ 元，望贵方遵照合同有关条款及有关规定，及时办理竣工结算。

　　递交资料清单详见附页。

××××项目部（盖章）
递交人：

第 5 篇
财务管理

第 19 章 财务预算、核算与分析

19.1 财务政策

按照《企业会计准则》及公司规定办理会计业务，核算项目的收入、成本、费用，制定的财务管理实施细则，应符合公司的相关规定。

19.2 预算管理

(1) 项目经理部应实施全面预算管理，以成本预算为基础，编制现金流预算，利用现金流预算约束成本费用支出。

(2) 做好预算执行和分析工作，重点做好项目预算的分级分类和重点控制内容的管理工作，严格预算外业务管理流程，将经济活动分析与预算分析工作有机结合，健全预警机制，突出修偏纠错实效。

19.3 收入、成本、费用核算

(1) 动态、及时、完整、可靠估计预计合同总收入和预计合同总成本，按权责发生制原则完整归集当期成本费用，采用完工百分比法计量和确认当期合同收入和当期合同成本费用，合理预计合同毛利或损失，准确反映项目盈亏情况。

(2) 严禁私设任何形式的小金库，项目经理部的一切经济行为必须纳入统一的会计账簿进行核算。

(3) 按照公司要求做好安全费用和科研费用的分类核算。

19.4 经济活动分析

(1) 规范项目经济活动分析工作；经济活动分析根据项目情况，至少每季度进行一次。

(2) 项目经济活动分析由项目经理牵头，财务部组织，相关部门参加，经济活动分析应在责任成本分析的基础上进行。

(3) 项目经济活动分析内容应包括（但不限于）：责任成本分析、项目综合分析、项目产值（进度）分析、甲方验收分析、成本盈亏分析、资金收支分析、债权债务分析。

(4) 经济活动分析要力求实效，做到分析结果真实，分析成果共享，全面掌握项目经济运行情况和存在的问题，落实有针对性的整改措施，切实发挥指导作用。

第 20 章　资金及债权债务管理

20.1　资金管理

资金支付实行以收定支原则及拒付原则。财务部必须遵守财经法纪，按照公司文件规定的审批权限和审批程序展开工作，坚决抵制一切不符合相关规定事项，予以拒付。

20.2　合同保函及保证金

（1）项目经理部在合同履约过程中，应通过策划优先应用各种函证，如履约保函、预付款保函、保修金保函等，尽量避免直接使用保证金，加速资金周转。

（2）项目经理部在申请办理保函前，要对工程保函的格式进行评估，避免开立无条件见索即付保函，避免开立敞口（无固定失效期限）保函和可转让保函，并按公司规定的程序办理审批手续。

（3）公司财务部应建立台账监管保函或保证金，并定期与财务部门核对。保函到期应及时办理撤销手续，避免过多占用企业授信额度。

20.3　劳务人员工资支付管理

建立现场劳务人员工资优先支付制度。实行实名发放，劳务人员工资发放单必须由劳务公司盖章和劳务公司负责人或委托人签字，并取得劳务公司发票，劳务人员必须持本人身份证签领，或由项目经理部直接汇入劳务人员工资卡上，严禁代领、冒领。

20.4　债权债务管理

（1）按合同约定方式向建设方足额上报计量，计量批复后提出收款申请，核对应收款项，及时办理收款手续。

（2）对建设方不按合同付款、拖延付款等造成事实拖欠项目款项的情况，应及时与建设方沟通，分析拖欠原因，制定清欠方案，并上报公司财务部。

（3）工程决算完成后，项目收款进入尾款及保修款的管理阶段，公司制定工程尾款及保修款清收计划，落实责任人及奖惩措施。

（4）按照债务性质类别，按月（分次、分批）向公司上报债务资金支付计划，债务支付应按公司规定的权限履行审批程序。需要公司审批的，财务部应将经公司审批后的债务资金支付计划审批表作为债务支付的依据。

（5）劳务款、材料款、机械租赁费等工程直接费用的外部单位付款，必须将款项直接转账支付到对方账户（农民工工资直接支付其工资卡除外）；与合同单位收款账户不一致的，不予支付，不能委托收款；提供单位营业执照或个人身份证，经分析无风险后方可支付；合同单位名称或银行账户变更的，应由对方出具公司名称变更或账户变更的有效工商管理部门或银行的证明文件。如项目经理部财务会计工作移交至公司财务部，遗留下尚未清理的债权和债务，项目经理部经理及相关责任人不解除责任。

第 6 篇
审计与监察

第 21 章 审计与监察管理

21.1 内部审计

1）工程项目审计类别包括项目前期审计、项目中期审计、竣工绩效审计、专项审计等，项目经理经济责任审计参照执行本办法。

2）公司所属全部工程项目都属于审计范围，公司成控主管负责本公司所属工程项目的审计工作。

3）工程项目审计程序必须严格执行集团公司制定的工程项目审计实施流程。

4）审计内容：

（1）项目前期审计。

审计实施时间：工程项目开工前或开工不久。

审计目的：为工程项目经理部顺利履行合同提供前期审计服务。

审计内容：对项目合同履约策划书进行审查，围绕工程项目实施目标（工期目标、质量目标、安全目标、文明施工目标、效益目标）审查是否制定了保证方案，措施是否到位，是否落实到人。

（2）项目中期审计。

审计实施时间：在工程项目合同履行过程中进行。

审计目的：监控项目合同履行情况，提供中期审计服务。

审计内容：项目经理部内控建设制定与执行情况、项目效益情况、运行风险等方面。

（3）竣工绩效审计。

审计实施时间：工程项目竣工结算完成后。

审计目的：为工程项目经营承包兑现提供经济效益方面的数据。

审计内容：经济效益，重点关注工程项目经理部的债权债务是否清理完毕或债权债务已经清晰，在经济效益方面发表审计结论。

（4）专项审计。

一般在公司重点项目、建设规模大的项目、跨年度施工项目、具有新工艺新材料项目当中进行，其侧重点在物资采购、分包管理、合同管理、实物资产管理、内部控制等方面，目的是就其某一方面为企业反映项目真实情况，为管理者提供决策参考。

5）公司所属工程项目经理离任必须进行经济责任审计，工程项目经营目标承包兑现必须有审计出具的工程项目竣工绩效审计报告。

6）公司所属工程项目经理部应对上级机关出具的审计报告认真学习，对审计报告提出的建议和意见及时整改落实，并将整改落实进展情况于规定时间上报审计机构，直到全部整改落实到位。

7）被审计项目拒绝提供与审计事项有关资料、阻碍审计的，审计机构责令改正而拒不改正的，审计机构报请单位领导依据规定追究当事人的行政责任。

8）问责机制项目在接受审计过程中被发现存在重大工程质量问题、安全问题、违规、违纪问题的，公司应按照有关规定对相关责任人进行问责。

9）审计整改项目应针对审计报告中提出的建议或意见进行整改，整改结果经公司审核通过后，向审计部门书面上报。

21.2　效能监察

21.2.1　主要内容

监督检查项目管理人员围绕"安全、质量、进度、文明施工、经济效益"五大目标，履行工程项目管理职责，按照管理程序规定实施项目管理，落实工程项目管理体系运行办法及安全生产、财务管理、合同管理等办法情况，促进提高项目运行质量，实现项目管理的科学化、制度化、规范化。

21.2.2　监察配合

被检查项目在接到《效能监察通知书》后，应按通知要求做好检查资料的准备工作；提供与效能监察项目有关的文件、资料，对效能监察项目的相关情况作出解释和说明。

21.2.3　监察实施

监察小组根据公司制定效能监察工作计划和实施方案，遵循效能监察工作原则，明确效能监察工作任务，落实效能监察工作责任，履行效能监察工作程序，扎实推进效能监察工作。

21.2.4　监察建议和决定

对尚不够作出纪律处分的行为和偏差事实下达监察建议，对查明的尚未涉嫌犯罪的违规违纪事实，按照人事管理权限，作出监察处分决定。被检查项目应当在收到监察建议或决定之日起15日内，提出采纳或执行意见书，并书面报告监察小组。

21.2.5　监察申诉

对监察建议或决定有异议的，被检查的项目经理部可以在收到监察建议或决定之日起15日内，向公司领导申请复审；复审工作将在收到复审申请之日起30个工作日内完成；复审期间，不停止原决定的执行。

第 7 篇
综合管理与文化工作

第22章 综合管理

22.1 印章管理

22.1.1 印章保管

（1）项目经理为项目印章第一责任人，项目章原则上项目经理本人保管，资料章由施工主管保管，严禁项目章、资料章由同一人保管。

（2）项目印章必须由印章专管人妥善保管，不得随意存放，不得私自委托他人保管；确需委托他人代管的，应当在"印章移交登记表"（附表22-1）上登记。

（3）项目印章只适用于与项目相关业务，不得从事有损项目利益的行为，印章专管员要严格执行上级单位印章管理制度，不得对不合手续或不合法及不正当用印给予方便。

（4）印章专管员变更、离职时，项目经理部应及时调整印章专管人员，填写"印章移交登记表"（附表22-1），并上报上级印章管理部门备案。

（5）印章保管人必须妥善保管印章，不得遗失，如若遗失，必须及时向项目经理递交书面报告说明情况，如发现因玩忽职守遗失的，将追究专管员责任，给项目造成损失的，将依法追究其法律责任。

22.1.2 项目印章的使用

（1）项目需用项目印章时，原则上一律到保管人办公室用印，非特殊紧急情况，不外出用印。

（2）印章的使用必须严格遵循印章使用审批程序，按照印章的使用范围，提交审批后的"项目印章使用申请表"（附表22-2）后方可用章。

（3）项目印章使用需严格把关审批程序，根据用印内容实施对口职能负责人审批，项目负责人最终审批的程序，严禁出现项目经理一人说了算的现象。

（4）项目用印分为使用上级单位印章和项目印章两部分，使用上级印章要按照上级单位用印要求申请，并附附件，经项目负责人审核后上报上级单位用印。

（5）使用项目印章由用印人提出申请，并附用印附件；工程技术类用印由施工主管审批；对项目外报送用印一律由项目经理审批；合同、采购、核算及其他事项由公司职能部门审批后方可用印。

（6）用印规范要求。文件用印盖章的位置要恰当，切勿在文件空白处加盖印章，印章要端正、清晰；印章名称要与用印件的落款一致；不漏盖，不多盖。

（7）所有印章的使用，必须严格执行上级的印章使用规定，做好申请审核和使用登记。如违规使用出现问题，后果自负，给项目造成损失的，将依法追究其责任。

22.1.3　项目印章的回收归档

（1）项目竣工（或完结）后，人事行政部应及时回收印章（含项目章、资料专用章等）归档封存，并填写"印章移交登记表"（附表 22-1）。

（2）项目竣工（或完结）后，上交项目印章（含项目章、资料专用章等），移交登记表中移交人和接收人分别为项目经理和人事行政部负责人，监交人为公司工程管理部经理。

（3）若在后续维修、保养、结算等工作中确需用项目印章时，应书面申请，写明使用用途、使用时间及使用人，由公司审批后方可用印。

22.2　公文处理

（1）公文处理工作，指公文的办理、管理、整理（立卷）、归档等一系列相互关联、衔接有序的工作。

（2）发文类别。项目经理部发文一般分为四类：文件式公文，用于处理重大事务；信函式公文，用于处理日常事务的平行文或下行文；会议纪要，用于记载、传达会议情况和议定事项；项目简报（附表 22-3）用于项目信息的宣传报道。

（3）发文流程。首先由拟发文部室拟稿，部门负责人审核（或相关部门负责人协商），经项目负责人签发或会签后，资料员编号、登记并复核，拟稿人修改、校对、打印，再用印、登记、分发、封存。至保管期限到期，公文管理人员整理、移交档案管理人员。

（4）收文流程。收文办理指对收到公文的办理过程，具体流程为：首先由施工主管对文件进行审核，填写收文登记与文件阅办单，提出拟办意见，将文件送项目经理部批示，根据批示分送到项目相关人员阅办，办理完毕后将公文返回资料员整理存档，确定保管日期（不具备归档价值的公文经项目经理批准后销毁），至保管期限到期，移交公司档案部门。

22.3　会议管理

（1）项目经理部应根据工作实际，制定生产调度会、工作协调会、技术交底会等日常管理例会制度并严格执行。

（2）会议组织人负责起草发布会议通知，并确定参会人员信息。会议通知内容包括：会议名称、时间、地点、参会人员及主要内容。

（3）会议组织人负责会议资料的牵头组织和发放工作。

（4）会议组织人负责会场布置及相关准备工作。

（5）会前，会议组织人要严格做好会议签到工作，并妥善保存签到记录。

（6）会议组织人要安排专人做好会议录音和现场记录，并做好会场服务和保障工作，确保会议的顺利进行。

（7）会议结束后，会议组织人负责收集与会议有关的各种文件，以及各种录音、摄影、录像等全套资料，并登记存档。

（8）会议组织人根据会场记录及时整理完成会议纪要并发送至相关各方，同时要做好登记存档。

（9）项目施工主管根据会议要求确定会议督办事项，经项目经理审核后负责督办，下发"会议督办通知单"（附表 22-4），并按照时间节点要求通报督办事项落实情况。

22.4　公务接待

（1）对联系来访的信（函）件、来电等事宜应做好详细记录，在报请公司领导同意后，按照归口接待的原则，由主责部门安排接待工作。

（2）接待主责部门根据来宾目的和要求，制定接待方案，责任落实到人，呈分管领导审批后尽快实施。

（3）视来宾的级别与来访目的，除向来宾提供接待日程安排外，还要附加简要的工程概况、工程进度及项目宣传手册。

（4）对于重要上级领导（包括甲方、地方政府及集团公司等）来项目经理部检查指导工作，除了安排好常规的接待安排外，还要由主责部门根据不同的对象准备好相应的汇报材料。

（5）接待人员着装应整洁大方，服务要主动、热情、礼貌、遵守纪律，使客人感到热情、周到；回答问题认真负责，介绍情况实事求是，注意保守企业秘密。

（6）积极协助来宾办理各项事务，提前迎接客人，安排好起居生活，商议活动日程，安排领导同客人见面，组织好客人活动。特别要注意做好来宾返程各项事宜。

（7）接待工作完成后，主责部门要及时整理好接待活动中摄影、摄像资料，做好信息报送和新闻报道工作。同时要对与来访者交流中取得的信息进行汇总整理，提取有价值的信息并上报。

22.5　办公用品管理

（1）办公用品中价值在 2000 元以上的为固定资产类办公物品。项目部要根据需求提出"购置固定资产申请表"（附表 22-5），报至公司综合管理部进行审核汇总，备案后方可购买。

（2）综合管理部根据"购置固定资产申请表"（附表 22-5）进行采购。对于大额大宗物品，应采用招标形式进行。

（3）固定资产购置后，应及时登记"固定资产管理台账"（附表 22-6），并填写"固定资产卡片"（附表 22-7）和"固定资产验收交接单"（附表 22-8）。手续齐全后，将固定资产交保管人保管。

（4）对于固定资产实行保管责任制。实行使用人、领取人、保管责任人三合一的办法，对保管责任进行归属。固定资产保管人发生变化时，要完成固定资产保管交接手续。

（5）各类设备的使用人，严格按照说明书进行操作。固定资产在使用过程中，如需增加器件或进行维修的，项目经理部门要向公司综合管理部提出申请，经审批同意后由综合管理部办理，使用部门协助配合。增加器件或更新改造单位金额超过 2000 元的，应参照固定资产购置要求办理相关手续，并办理固定资产管理卡片变更手续。

（6）因项目经理部人员变动，人事行政部和调离人员所在部门一起负责检查退还固定资产及其配件、相关资料是否完整，如有遗失、人为损坏或配置配件缺失，调离人员应负责赔偿。若调离人员未退还所有的固定资产，其责任由调离人员所在部门的直接领导承担。

（7）各项目经理部之间调拨使用固定资产，需办理"固定资产调拨交接记录"（附表 22-9），相关部门和人员签字确认，主管部门和财务部门及时进行固定资产管理卡片、台账和账目进行调整。

（8）人事行政部要对办公类固定资产实行定期实物盘点清查，由人事行政部、财务部和各使用部门共同进行。

（9）对盘点清查中发现的资产遗失，应逐个查明原因，协商提出处理意见，并做好账册的调整工作。其中，涉及的责任人应承担相应的赔偿责任。盘点清查中发现的闲置资产要查明情况，并制定处理计划。

（10）固定资产的报废、报损（转让），需由申请报废的部门填报"固定资产报废、报损（转让）申请书"（附表 22-10），注明报废原因，由项目负责人签字确认后报上级单位。

（11）办公用品中价值在 1000～2000 元的为低值易耗品类办公物品；1000 元以下的物品为日常类办公用品。项目经理部根据本部门物品消耗和使用情况，当月编制下月"办公用品购置申请表"（附表 22-11），于当月 25 日前将申请表报至人事行政部，逾期不报视为无需求。

（12）人事行政部根据项目部的申请计划及库存情况，做好当月"办公用品申请购置计划表"（附表 22-12），经审批后，及时足量、优质地采购办公用品和日常用品。计划外特需办公用品，由所需部门提出计划并经部门负责人审核后报项目经理批准，人事行政部补充采购，异地项目授权项目部自行采购。

（13）实施办公用品采购时要根据审批签字后的"办公用品申请购置计划表"（附表 22-12）实施购买，并于每月末完成。要做好物品出入库的登记，填写"办公用品库存登记表"（附表 22-13），每月盘存，确保账物相符。

（14）日常类办公用品以部门为单位进行领用，填写"办公用品领用登记表"（附表 22-14）。临时急需的办公用品，在申请程序完成后予以领取，员工领取后需签字确认。各部门在领用低值易耗品时，需填写"低值易耗品保管卡"（附表 22-15）。人事行政部所有办公用品要严把领用关。对因个人工作失误、非正常使用而对办公用品造成的重大异常损耗，将根据个人的过错程度，由责任人承担相应损失。对于数额较大的办公用品（如移动硬盘、数码相机）保管人发生变化时，要办理交接手续。

22.6　文件资料管理

为建立和健全文件材料收集和归档管理制度，更好地为经营发展、科学决策和管理工作服务，项目经理部要加强文件资料管理。

22.6.1　管理职责

项目资料员是项目档案资料的第一责任人，负责项目档案资料的管理。项目资料员负责项目文件资料的管理、借阅、审批。其他部门负责本部门文件资料的整理和存档管理工作。

22.6.2　工作程序

22.6.2.1　文件材料的收集

项目资料员负责项目公文资料的收集（包括呈文、收文、发文资料），各种荣誉奖励（如奖杯、奖状、奖牌、证书、赠品等）和项目重大活动中的影像资料等的收集、移交；其他部门负责本部门文件材料的收集整理；会计档案、科技档案等专业性文件材料由项目对口部门收集管理移交。

资料归卷范围详见表 22-1。

资料归卷范围　　　　　　　　　　　　　　　　　　　　表 22-1

序号	类目	具体内容	备注
1	工程资料	(1) 施工、技术管理记录； (2) 工程质量控制记录、工程安全和功能检验资料； (3) 工程质量验收记录； (4) 园建工程验收记录； (5) 水电工程验收记录； (6) 绿化工程验收记录； (7) 竣工图像资料； (8) 施工许可和质量评估及备案资料； (9) 质量管理记录； (10) 安全/环保管理记录； (11) 项目资金管理记录	
2	行政资料	(1) 规章、制度、办法（含公司及项目经理部制定的管理性文件）； (2) 目标管理（含年计划、目标责任状、总结、经营分析）； (3) 呈文、收文（公司、甲方、地方政府主管部门）发文（按年度、按部门分装保存）； (4) 企业文化建设（画册、媒体报道等）； (5) 会议资料（会议通知、记录、主要领导发言、签到、编发纪要）； (6) 食堂及卫生防疫； (7) 安保及消防； (8) 重要活动影像资料	
3	人事资料	(1) 组织机构及部门岗位设置 (2) 员工培训、学习	
4	荣誉资料	文件、奖杯、奖状、奖牌、证书等	
5	其他		

22.6.2.2　文件材料的整理

项目相关人员须及时将办理完毕的文件材料搜集齐全，加以分类整理，送交项目部资料员。

文件材料的归卷：

项目资料员负责将各类资料进行科学分类和立卷（按年度、按部门分装立卷），填写"卷内目录"（附表22-16）。

文件材料的保管：

归卷后原则上采取文件柜封闭型管理，资料保管人员要做好档案资料的防盗、防火、防虫、防潮、防尘、防高温，定期检查档案保管状况，对破坏或变质的档案应及时修补、复制或作其他技术处理；资料保管人员调动工作和辞职时，应在离职前办理好交接手续；项目经理部撤销时，应将本项目全部的文件资料认真整理，妥善保管，并向上级档案管理部门移交。

22.6.3　文件材料的借阅

（1）员工因业务需要调阅立卷材料时，应提供经审批的"档案借阅申请单"（附表22-17）。

（2）调阅的文件材料应与经办业务有关，如需调阅与经办业务无关的和保密性的文件，须经项目经理批准。

22.6.4　文件材料的销毁

无查考利用价值的文件资料的销毁，经项目经理批准后方可销毁。

22.7　施工影像资料管理

项目经理部指定施工影像管理责任人，配备设备，对施工进度影像、项目公共关系影像、工程定点整体照片进行拍摄及管理。涉及工程评奖的影像资料，应按项目经理部统一策划、拍摄和整理。

22.8　驻地管理

22.8.1　"三工"建设管理

深化开展以"工地生活、工地文化、工地卫生"为主要内容的"三工"建设工作。项目施工主管具体负责项目经理部驻地"三工"管理的工作。项目开工初期，要对项目经理部驻地进行整体规划，对深化"三工"建设提出明确要求，要根据施工组织设计的总体要求，制定办公区、生活区规划方案，合理布局满足安全、消防、卫生防疫、环境保护、防汛、防洪等要求。要将外协队伍和农民工纳入到深化"三工"建设活动之中。

22.8.1.1　工地生活

1. 食堂管理

（1）工地食堂应建在距公路、施工便道、畜圈、厕所等污染源、危险源30m以外的地方。

（2）食堂除配备一定数量的生活设施外，应必备电冰箱、消毒柜。

（3）设有洗手池、洗涤餐具池、工作台。

（4）食堂分设操作间、饭厅和储藏室。

（5）炊管人员持有健康体检合格证。

（6）炊管人员上班穿戴整齐洁净，坚持做到勤洗澡，勤理发，勤刮胡须，勤换洗衣服，勤剪指甲。

（7）食堂设有纱窗、纱门、纱罩、灭鼠工具；墙壁、地面、顶棚、门窗、炉灶、案板、柜橱、碗架、工作台保持清洁无污。

2. 宿舍管理

（1）在生活区入住人员必须到项目经理部备案，凭身份证登记造册，由项目经理部办理胸卡和床位卡。外来人员借宿，应经项目经理部同意后办理留宿手续，未经许可不准随意入室留宿。

（2）建筑面积人均不少于 $4m^2$（租房面积参照建房标准执行），设有储藏室、工具室。宿舍应远离污染源、危险源。

（3）宿舍内通风透气、不漏雨，室内地面整洁、无杂物、无异味。

（4）宿舍内布局合理，各种线路及管道安装布局整齐、灯具、吊扇等悬挂物无积尘，无蜘蛛网。

（5）床铺、床上用品统一配置，洗漱用品和餐具摆放整齐，碗盆有专架存放，每名员工配备一个简易衣柜。

（6）办公区、生活区的用电要符合防火规定，宿舍用电应确保使用 36V 安全电压。宿舍内严禁私拉乱接、使用热水器、电炉子、电水壶等大功率电器。

（7）宿舍四周排水沟畅通、设有统一的衣物晾晒区，配备 5kg 以上的洗衣机。

（8）结合实际配置防暑防寒设施。

（9）宿舍卫生实行挂牌值日制。

22.8.1.2　工地文化

（1）职工活动有场所，如图书室、乒乓球室等场所和管理制度。

（2）职工活动室配有电视机、影碟机和卡拉 OK 音响、图书、报刊，并建立管理制度。

（3）工地和驻地按照《安全生产文明施工管理手册》所要求的宣传形式。

（4）职工驻地设有宣传橱窗和厂务公开栏，并做到每月更换一次内容。

（5）每月开展一次以上班组间的体育活动；节假日有文体活动。

（6）各项目经理部要建立职工夜校（职工之家），对职工开展经常性的培训。

22.8.1.3　工地卫生

（1）设有男女公共厕所，并建立卫生值日制和定期消毒制，厕所清洁卫生。

（2）设有洗澡间，并配有淋浴、吊扇、取暖、长条椅和衣物存放等设施设备，能够保证安全和定时开放。

（3）24h 有开水供应。

（4）未设保健站或工地医院的经理部，要设有流动小药箱；员工看病就医应有定点医院。

（5）针对当地流行病制定各项预防措施和预案。

（6）定期对员工进行一次体检。

22.8.2 保卫工作

（1）项目经理对施工现场的保卫工作负总责，项目部应建立相应的组织机构，制定相应的保卫制度和应急预案。

（2）施工现场要建立门卫和巡逻护场制度，护场守卫人员佩戴值勤标志，进出人员要佩戴胸卡。

（3）加强对施工现场劳务人员的管理。施工现场的劳务人员必须手续齐全，建立劳务人员档案，非施工人员不得进驻现场，特殊情况要经保卫部门负责人批准。

（4）施工现场治安保卫工作要建立预警制度，对可能发生的事件要定期进行分析，化解矛盾。事件发生时，必须立即上报各上级主管部门，并做好现场疏导工作，以防事态扩大。

（5）加强对库房、宿舍、食堂等易发案件区域的管理，要明确治安保卫工作责任人，制定防范措施，确保"人防、物防、技防"到位，对项目经理部重点部门和部位要加装视频监控系统和报警系统。严禁赌博、酗酒、传播淫秽物品和打架斗殴。

（6）加强重点建设项目的治安保卫工作，加强对要害部门及要害部位的管理，制定要害部位的保卫方案，并指定专人负责重点管理。做好成品保护工作，制定具体措施，严防盗窃、破坏和治安灾害事故的发生。

22.8.3 消防工作

（1）项目经理对施工现场的消防工作负总责，项目经理部应建立相应的组织机构，制定相应的消防制度和应急预案。强化日常安全教育及培训工作。施工人员进场时，施工现场的消防安全管理人员应向施工人员进行消防安全教育和培训，并做好培训记录。施工现场灭火及应急疏散预案演练，每半年进行1次，每个项目不得少于1次，做好相应记录。

（2）施工现场必须设置临时消防车道、配备消防器材，要有明显的防火宣传标志。车道宽度不得小于3.5m，要害部位消防器材配备应不少于4套灭火器。

（3）施工现场消火栓应布局合理，消防干管直径不小于100mm，消火栓处昼夜要设有明显标志，配备足够的水龙带，周围3m内不准存放物品。

（4）施工现场使用的电气设备必须符合防火要求，临时用电必须安装过载保护装置，严禁超负荷使用。施工人员从事电气设备安装和电、气焊切割作业，要有操作证和用火证。用火前，要清除易燃、可燃物，并采取隔离等措施，配备看火人员和灭火器具，作业后必须确认无火源隐患后方可离去。用火证当日有效，用火地点变换，要重新办理用火证手续。

（5）施工材料的存放、使用应符合防火要求。施工现场存放易燃、可燃材料的库房、木工加工场所、油漆配料房及防水作业场所不得使用明露高热强光源灯具。库房应采用非燃材料支搭，易燃易爆物品应专库储存，分类单独存放，保持通风，用电符合防火规定。不准在工程内、库房内调配油漆、稀料。氧气瓶、乙炔瓶工作间距不小于5m，两瓶与明火作业距离不小于 10m。建筑工程内禁止氧气瓶、乙炔瓶存放，禁止使用液化石油气"钢瓶"。易燃易爆物品，必须有严格的防火措施，指定防火负责人，配备灭火器材，确保施工安全。

（6）施工现场使用的安全网、密目式安全网、密目式防尘网、保温材料，必须符合消防安全规定，不得使用易燃、可燃材料。建筑构件的燃烧性能等级应为 A 级，当采用金属夹芯板材时，其芯材的燃烧性能等级应为 A 级。

（7）施工现场严禁吸烟，施工现场和生活区，未经批准不得使用电热器具。严禁工程中明火保温施工及宿舍内明火取暖。生活区的设置必须符合消防管理规定。食堂使用的燃料必须符合使用规定，用火点和燃料不能在同一房间内，使用时要有专人管理，停火时要将总开关关闭，经常检查有无泄漏。

22.9　保险集中管理

公司应制定商业保险集中管理办法，对纳入集中管理的保险项目必须报公司统一集中办理投保降低成本。新承揽项目在办理保险时，应及时将商业保险投保申请表及保险初案报公司财务部门。加强出险理赔工作，投保项目一旦出险，及时向保险公司报案，办理相关理赔手续。

22.10　附表

附表 22-1：印章移交登记表。

附表 22-2：项目印章使用申请表。

附表 22-3：项目简报样式。

附表 22-4：会议督办通知单。

附表 22-5：购置固定资产申请表。

附表 22-6：固定资产管理台账（年度）。

附表 22-7：固定资产卡片。

附表 22-8：购置（建造）固定资产验收交接单。

附表 22-9：固定资产调拨交接记录。

附表 22-10：固定资产报废、报损（转让）申请书。

附表 22-11：办公用品购置申请表。

附表 22-12：办公用品申请购置计划表。

附表 22-13：办公用品库存登记表。

附表 22-14：办公用品领用登记表。

附表 22-15：低值易耗品保管卡。

附表 22-16：卷内目录。

附表 22-17：档案借阅申请单。

附表 22-1 印章移交登记表

移交时间	印章名称	印模	移交人	接收人	监交人

附表 22-2　　　　　　　　　　**项目印章使用申请表**

工程名称			日期	
申请用印 内容	1		用印份数	
	2		用印份数	
	3		用印份数	
	4		用印份数	
	……			
印章名称				
申请人签字				
施工主管审核意见并签字				
项目负责人审核意见并签字				

附表 22-3　　　　　　　　项目简报样式

项目简报

第　期

_____项目经理部____年____月____日

正文：……………………………………………………………………………………
　　　　……………………………………………………………………………………

附表 22-4   **会议督办通知单**

____项目经理部会议督办通知单

事督单〔   〕＊号

___项目经理部   ___年___月___日

主责部门（单位）	协助部门（单位）	项目经理

督办事项及要求	
完成期限	
反馈节点	

主责部门（单位）负责人		填表人	
备注			

注：请主责部门（单位）负责人按照反馈节点将通知单填好后发送项目资料员。

附表 22-5　　　　　　　　　　　　　　**购置固定资产申请表**

工程名称：						
经办人：				日期：		
物品名称	规格型号	单位	数量	预计单价 （元）	预计金额 （元）	备注
合计						
购置说明						
流程	发起者→发起者部门主管→IT 专员→会计→人力资源及行政总监→总经理					
项目经理部意见						
区域经理意见						
公司经理意见						
备注						

备注：单价低于 2000 元的空调、数码相机也填写此表申请。

附表 22-6　　　　　　　　　固定资产管理台账（年度）

工程名称：　　　　　　　　　　　　　　　　　　　　　　　　日期：

序号	资产编号	资产名称	类别	规格/型号	单位	单价	数量	资产额（元）	制造商	购入日期	资产保管部门	使用管理人	备注

附表 22-7　　　　　　　　　　固定资产卡片

编制单位：　　　　　　　　　　　　　　　　　类别：□ 财　　□ 固

固定资产名称		固定资产编号		卡片号		第　号第　页	
计量单位		数量		技术证书号			
保管及使用单位			价值	原值或重置完全价值		其中：	
				折旧			
所在地				净值			
建造单位		主要规格及技术特征					
建造年月							
出厂编号							
交付使用日期					保管人		
预计使用年限							
预计清理净残值							
折旧率							
大修基金提成率					制卡人	签章	
投资款源	自筹				制卡日期	年 月 日	

附表 22-8　　　　　　　　**购置（建造）固定资产验收交接单**

工程名称				日期	
名称			固定资产编号		
规格型号		计量单位		数量	
建造单位		建造年月		合同号	
技术特征					
	其中：产权号、车牌号或序列号				
原价		其中：	工程费	设备费	其他
固定资产组成					
名称	型号规格	建造单位	数量	单价	原价
附属技术资料	1				
	2				
	3				
	4				
存放地点			保管人		
购置（建造）单位：		使用（保管）单位：		资产管理单位：	
经办人：		经办人：		经办人	
负责人：		负责人：		负责人：	

附表 22-9　　　　　　　　　　　　　**固定资产调拨交接记录**

调拨单号：＿＿＿＿＿＿＿＿

现从＿＿＿＿＿＿＿＿＿＿＿＿＿＿＿＿调拨下列固定资产至＿＿＿＿＿＿＿。设备详细规格信息见附件。

调拨原因：＿＿＿＿＿＿＿＿＿＿＿＿＿

调出部门：　　　　　　　　　　　　　　接收部门：

经办人：　　　　　　　　　　　　　　　经办人：

经办审核：　　　　　　　　　　　　　　经办审核：

日　期：　　　　　　　　　　　　　　　日　　期：

盖章：　　　　　　　　　　　　　　　　盖　　章：

调拨固定资产设备信息

名称	资产编号	配置规格	原值	折旧	设备状态

本表一式三份，调出部门经理、调入部门经理、公司财务存档各一份，并复印送交双方单位相关管理部室。

附表 22-10　　　　　　　　固定资产报废、报损（转让）申请书

工程名称		日期	
固定资产名称		管理编号	
原值（元）		净值（元）	
交付使用日期		主要规格	
折旧年限		实际使用年限	
已提折旧		清理时所在地	
技术状态		残值（转让价值）	

报废、报损原因：

鉴定小组意见：

鉴定小组组长意见：

申请部门主管：　　　　　　　　　　　　　　　　　　　　　申请单位填表人：

附表 22-11　　　　　　　　　　　　**办公用品购置申请表**

工程名称：				日期：		
序号	品名	规格	单价（元）	数量		用途
				计划	实批	
1						
2						
3						
4						
5						
6						
7						
8						
9						
10						
11						
12						
13						
14						
15						
16						
17						
18						
19						
20						

部门负责人意见：　　　　　　　　　　　　　　　　　　　　　　　日期：

附表 22-12　　　　　　　　　　办公用品申请购置计划表

工程名称：				日期：		
序号	品名	规格	单价（元）	数量		备注
				计划	实批	
1						
2						
3						
4						
5						
6						
7						
8						
9						
10						
11						
12						
13						

项目经理　　　　　　　　　　　　　区域工程部经理　　　　　　　　　　　　　　经办人：
审批：　　　　　　　　　　　　　　复核：

附表 22-13　　　　　　　　　　办公用品库存登记表

序号	物品名称	1月总数量	1月汇总					2月汇总					2月入库	2月库存	备注
			新入	领用	库存	单价	总额	新入	领用	库存	单价	总额			

附表 22-14 办公用品领用登记表

序号	时间	物品名称	规格	单位	数量	部门	签字	备注

说明：此表由办公用品管理员负责登记、建档。

附表 22-15　　　　　　　　　　**低值易耗品保管卡**

品名		型号	
单位		数量	
单价（元）		部门	
使用年限		保管人	
购买日期	年 月 日		年 月 日
移交记录			
序号	移交人	时间	接收人

说明：本卡片一式三联，财务、人事行政部、保管人各一联。

附表 22-16　　　　　　　　　　　　　　**卷内目录**

档号：

顺序号	文号	责任者	题名	日期	页号	备注

附表 22-17　　　　　　　　　　　　　　档案借阅申请单

工程名称		日期	
档案名称		调阅人	
档案内容		所属部门	
借阅事由			
调阅类别	现场查阅（　）借阅（　）　密级		
借阅期限	自　月　日—　月　日，共计　日		
备注	原件（　　）复印件（　　）		
	调阅审批		
直属领导			
项目经理			

附　录

项目全周期运营标准模块计划表

序号	阶段	业务事项	计划日期			输出	业务部门		责任人		备注
			开始时间(d)	里程碑	完成时间(d)		发起部门	接收部门	主要责任人	协办责任人	
1		项目信息收集、汇总、调研、评审、项目信息立项	-5	投标立项	0	投标立项评审表	市场部	投标部	市场部负责人	市场部经办人	投标立项评审表
2		现场踏勘	0	投标立项	1	现场踏勘报告	市场部	投标部	市场部经办人	项目经理	由意向项目经理配合市场部经办人完成现场踏勘,并填写"现场踏勘报告"后提供给投标部作报价参考
3		商务标编制	0	投标立项	5	商务标书文件	投标部	招标单位	投标部负责人	投标部经办人	项目经理参与工程直接费分析
4		技术标编制	1	投标立项	7	技术标书文件	投标部	招标单位	投标部负责人	项目经理	重点项目由项目经理负责编制
5	商务投标	投标材料封样	1	投标立项	7	完成投标材料封样工作	投标部	招采部	投标部负责人	招采部经办人	/
6		施工成本测算	1	投标立项	5	施工成本分析表	项目部	成控部	项目经理	成控部经办人	由成控部作施工成本测算、填写施工成本分析表,提供给投标部作报价参考
7		商务洽商	—	洽商	—	洽商纪要	投标部	招标单位	投标部负责人	投标部经办人	由投标部与招标单位进行商务谈判,形成洽商纪要,作为合同签署依据之一
8		中标通知知会	-1	中标	1	收到中标通知书	市场部	各部门	投标部经办人	市场部负责人	中标后由市场部OA知会各部门负责人
9		合同签订	1	收到中标通知书	15/30	签订施工合同	投标部	招标单位	投标部负责人	市场部负责人	示范区、售楼部、样板房项目签证不得超过15天,批量项目不得超过30天合同由工程部、成控部、财务部各一份。项目部需要合同复印件由工程部负责提供

续表

序号	阶段	业务事项	计划日期			输出	业务部门		责任人		备注
			开始时间(d)	里程碑	完成时间(d)		发起部门	接收部门	主要责任人	协办责任人	
10	项目立项	施工立项	1	收到中标通知书	1	施工立项信息上 OA 系统	投标部	工程部	投标部经办人	/	由投标部经办人将项目中标信息上 OA 系统、工程部接收到信息后立即组织施工准备
11		申请启用项目章	0	项目立项	0	取得项目章	工程部	项目部	工程部资料员	工程部负责人	在项目开工后一周内要完成项目章的申请、制作、启用过程
12		项目成员任命通知	0	项目立项	3	人员配备到位	人事行政部	工程部	人事行政部负责人	人事行政部经办人	项目成员任命通知
13		项目部人员到岗	-7	项目进场	7	项目经理、施工员、资料员到岗，总人数不超标准配置	工程部	项目部	工程部负责人	人事行政部负责人	根据项目成员任命通知，关键岗位在开工前 6 天进行老项目移交工作，3 天内完成移交
14		租赁办公室、宿舍	-7	项目进场	0	完成办公室及宿舍租赁，签署租赁合同	项目部	/	项目经理	项目部人员	房屋租赁申请单
15		办公用品配备	-3	项目进场	0	完成办公用品配备	人事行政部	项目部	人事行政部负责人	人事行政部经办人	由材料员负责采购并发货到项目部
16		商务交底	-7	项目进场	0	完成商务交底，交底人与被交底人签字确认	投标部	项目部	投标部负责人	投标部经办人	由投标部填写商务交底内容，并对项目经理进行交底，交底双方签字确认
17	招标采购	召开项目启动会	-7	项目进场	14	通过项目施工策划评审，完成定额二算对比确定项目责任成本，签订责任书	项目部	工程部	项目经理	项目部人员	由项目部发起并组织项目启动会，公司领导、项目部全员、工程部、招采部、成控部门经理及经办人参加，建设单位领导可邀请参加
18		编制资金使用计划	1	项目进场	7	编制并通过审核资金付款计划表、垫资项目付款计划表和工程垫资申请单	项目部	财务部	项目经理	项目部预算员	项目全周期资金计划、项目资金支出明细、项目资金月度收支计划

续表

序号	阶段	业务事项	计划日期 开始时间(d)	计划日期 里程碑	计划日期 完成时间(d)	输出	业务部门 发起部门	业务部门 接收部门	责任人 主要责任人	责任人 协办责任人	备注
19	招标采购	编制班组和材料招标采购计划及招标清单	-7	项目进场	7	班组和材料招标采购计划及招标清单提交招采部	项目部	招采部	项目经理	项目预算员	班组报价清单、主要材料招标采购计划审批表、劳务及材料计划汇总表
20		编制施工组织设计、专项施工方案、施工总进度计划、材料进场计划和劳动力计划	-7	项目进场	7	完成施工组织设计、专项施工方案、施工总进度计划、材料进场计划和劳动力计划编制	项目部	建设（监理）单位	项目技术负责人、项目经理	施工员	/
21		施工图会审	7	项目进场	14	组织相关单位图纸会审，形成图纸会审记录	项目部	/	项目经理	施工员、深化设计	图纸会审记录
22		施工材料封样	-1	开工	3～15	经设计、监理及甲方签字确认并现场制作封样展板	招采部	项目部	招采部负责人	项目经理	基材类如轻钢龙骨、木工板、阻燃板、石膏板、硅酸钙板、电气管线、给水排水管、镀锌方管、镀锌角钢、瓷砖、不锈钢、灯具、洁具、五金、门锁等由招采部负责采样，面材类如木饰面、石材、瓷砖等由项目部负责采样
23		施工场地移交	1	项目进场	2	完成土建正负零基准线移交、建筑1m线移交手续、轴线移交点移交	建设单位	项目部	项目经理	施工员	土建移交记录表
24		场地实测实量	1	项目进场	5	完成水平线、标高线放线、土建结构尺寸偏差汇总并提交土建整改	项目部	建设单位	项目经理	施工员	/

续表

序号	阶段	业务事项	计划日期			输出	业务部门		责任人		备注
			开始时间(d)	里程碑	完成时间(d)		发起部门	接收部门	主要责任人	协办责任人	
25	招标采购	安全文明施工布置	-3	项目进场	7	完成安全文明施工标准化布置，临时设施完善，工人着装统一、临电管理、安全防护规范，设置吸烟区、垃圾及时清运	项目部	/	项目经理	安全员	由项目部上OA系统填写"安全文明施工物料申请制作表"，流程结束后由工程部负责制作并发货到项目部
26		资质、人员、特殊工种操作证、应急预案、材料进场等报验	1	项目进场	7	完成资质、人员、特殊工种操作证、应急预案、材料等报验	项目部	建设（监理）单位	项目资料员	项目经理	/
27		施工技术交底、安全技术交底和施工人员入场安全教育	1	工人进场	1	对进场施工工人进行施工技术交底和三级安全教育	项目部	施工人员	项目经理	施工员、安全员	/
28	生产施工	基材供应商定标	-7	项目进场	7	签订基材供货合同	项目部	招采部	项目采购员	招采部经办人	/
29		面材供应商定标	-7	项目进场	14	签订面材供货合同	招采部	项目部	招采部经办人	招采部经办人	/
30		施工班组定标	-7	项目进场	7	签订劳务班组施工合同	招采部	项目部	招采部经办人	招采部经办人	/
31		深化图纸	1	项目进场	20	完成全部需要深化的图纸，有深化后的图纸清单	项目部	/	深化设计师	项目经理	/
32		主材下单	1	项目进场	15	完成主要材料下单，有主材跟踪表（不含收边材料补单）	项目部	材料供应商	项目经理	施工员	主要材料进场跟踪表

续表

序号	阶段	业务事项	计划日期 开始时间(d)	里程碑	完成时间(d)	输出	业务部门 发起部门	接收部门	责任人 主要责任人	协办责任人	备注
33	生产施工	项目施工	—	—	—	按合同约定工期完成全部施工内容	项目部	/	项目经理	项目部人员	/
34		检验批、隐蔽工程验收记录、材料送检等内业资料	—	—	竣工	完成施工过程资料报验，材料合格证、报检测报告等收集归档工作	项目部	建设（监理）单位	项目资料员	项目采购员	/
35		施工日记	—	—	竣工	项目部全员每日应有施工日记，日记录规范及时	项目部	工程部	项目部人员	/	/
36		仓库材料出入库管理	开工	—	竣工	完善日常出入库材料数量、质量验收及登记造册，超额发料、限额预警，材料堆放整齐有序	项目部	成控部	仓管员	施工员	/
37		成品保护	开工	—	竣工	未出现大面积的半成品、成品损坏和污染	项目部	工程部	施工班组	项目部人员	/
38		定期组织内部培训或总结	开工	—	竣工	有培训记录	项目部	工程部	项目经理	项目部人员	/
39		办理工程签证	开工	—	竣工后30天	经甲方、监理签字确认，过程中有签证动态跟踪表	项目部	成控部	项目经理	项目预算员	签证动态跟踪表
40		编制竣工图并经甲方办监理鉴字确认	施工	—	竣工后15~30天	完成竣工图的编制，出蓝图、盖竣工章，各方签字确认	项目部	成控部	项目经理	施工员	/
41		进度款、完工款收款	施工	合同付款节点	14	完成合同约定完工付款比例	项目部	财务部	项目经理	项目预算员	/

续表

序号	阶段	业务事项	计划日期			输出	业务部门		责任人		备注
			开始时间(d)	里程碑	完成时间(d)		发起部门	接收部门	主要责任人	协办责任人	
42	竣工交付	工程验收	—	项目竣工	30	竣工验收合格，验收报告各方签字确认	项目部	工程部	项目经理	项目部人员	/
43		班组及材料收方	—	项目竣工	30	现场收方完成	项目部	成控部	项目经理	项目部人员	/
44		资料移交	—	项目竣工	30	移交竣工图、内业资料、材料样板及实景照片存档	项目部	建设单位	项目经理	项目部人员	/
45	结算	向甲方提交竣工结算资料	15	项目竣工	30	竣工结算资料齐全，并上报建设单位审核	成控部	建设单位	项目预算员	公司项目预算员	/
46		与施工班组竣工结算	1	项目竣工	30	完成项目部施工班组结算，并上报公司各部门审核	项目部	成控部	项目经理	项目部人员	/
47		项目关账	30	项目竣工	45	完成班组、供应商、零星采购全部支出结账工作，并形成实际成本支出报表	项目部	成控部	项目经理	成控部经办人	/
48	项目收尾	结清房租、宽带、水电等费用	—	退场	15	房租、宽带及水电等费用全部结清并报销	项目部	财务部	项目采购员	项目部人员	/
49		人员、材料和设备退场	—	退场	3	人员、办公用品、施工材料退场	项目部	工程部	项目经理	项目部人员	/

续表

序号	阶段	业务事项	计划日期			输出	业务部门		责任人		备注
			开始时间(d)	里程碑	完成时间(d)		发起部门	接收部门	主要责任人	协办责任人	
50	项目收尾	工程款收付	开工日	验收	45	及时开票、付款，无超付、错付、漏付款项	财务部	项目部	财务部负责人	财务部经办人	/
51		项目清账	—	验收	60	形成项目财务报表	财务部	项目部	财务经理	财务部经办人	/
52	项目维保	完工项目售后移交	1~3个月	验收	维保期结束	完成项目正常保修期的维保工作	维保部	业主	维保部负责人	维保部经办人	维保期分集中维修和正常维修。集中维修是指批量精装（住宅、写字楼、酒店、商业）自竣工验收合格并统一向业主交楼之日起三个月内的售后维修；样板房项目完工后一个月内的售后维修，由项目部负责，其余时段的维修工作作为正常维修，由维保部负责